普通高等教育"十二五"规划教材

多媒体技术及应用

主　编　寸仙娥　王建书
副主编　桑志强　孙艳琼

北京邮电大学出版社
·北京·

内 容 简 介

本书是由多年从事"多媒体技术及应用"课程教学、教学经验丰富的一线教师精心编写的。全书分为6章：多媒体技术基础、图像处理技术、音频处理技术、视频处理技术、动画制作技术、多媒体应用系统设计与开发。

本书结合多媒体技术的最新发展和应用实际情况，全面系统地介绍了多媒体技术的相关知识、常用多媒体处理软件的操作和综合应用。本书还配备了《多媒体技术及应用实验指导与习题集》和电子教材、实验素材、教学案例等。

本书结构清晰、通俗易懂、内容丰富、图文并茂、适合教学，实验涵盖了常用多媒体处理软件的基本操作、综合应用和创意设计三个层次，循序渐进地培养学习者的基本操作技能和综合应用能力，非常注重培养学习者的实际操作能力和创新意识，鼓励学习者大胆进行创意设计。

本书可作为高等院校"多媒体技术及应用"课程的教材，也可作为广大多媒体爱好者和应用开发的参考书。

图书在版编目(CIP)数据

多媒体技术及应用 / 寸仙娥,王建书主编． ——北京：北京邮电大学出版社，2016.1
ISBN 978-7-5635-4637-4

Ⅰ. ①多… Ⅱ. ①寸… ②王… Ⅲ. ①多媒体技术 Ⅳ. ①TP37

中国版本图书馆 CIP 数据核字(2016)第 003343 号

书　　名	多媒体技术及应用
主　　编	寸仙娥　王建书
责任编辑	唐咸荣
出版发行	北京邮电大学出版社
社　　址	北京市海淀区西土城路 10 号(100876)
电话传真	010-82333010　62282185(发行部)　010-82333009　62283578(传真)
网　　址	www.buptpress3.com
电子信箱	ctrd@buptpress.com
经　　销	各地新华书店
印　　刷	中煤(北京)印务有限公司
开　　本	787 mm×960 mm　1/16
印　　张	11
字　　数	233 千字
版　　次	2016 年 1 月第 1 版　2016 年 1 月第 1 次印刷

ISBN 978-7-5635-4637-4　　　　　　　　　　　　　　　定价：28.00 元

如有质量问题请与发行部联系

版权所有　侵权必究

前　言

　　随着计算机软硬件技术和网络技术的飞速发展，多媒体信息逐渐成为网络信息的主流，多媒体技术的应用已经遍及社会生活的各个领域，越来越多的人迫切需要熟悉和掌握多媒体技术，如视频点播、视频会议、远程教育和游戏娱乐等。多媒体技术为信息技术的发展开辟了新的领域，给人们的学习、工作乃至生活方式带来了巨大的变革。为了及时引入多媒体的新技术和新方法，全面培养学习者熟练处理各种新媒体信息的技能和综合应用能力，编者在 2012 年出版的《多媒体技术应用教程》的基础上，新编写了《多媒体技术及应用》和《多媒体技术及应用实验指导与习题集》。教学内容有很大改变，图像处理软件 Photoshop 由 CS4 版升级为 CS6 版，音频处理软件由 GoldWave 改为 Audition CS6，多媒体作品设计和制作软件由 Authorware 7.0 改为 Flash CS6。

　　本书旨在培养学习者的实际操作能力和应用能力。在编写时，汲取了国内外多媒体技术的新成果，结合了编者多年的教育实践经验，并精选了丰富的案例和素材，操作步骤详细，深入浅出地介绍了目前最流行的多媒体制作技术，内容翔实、重点突出、通俗易懂、图文并茂。实验涵盖了常用多媒体处理软件的基本操作、综合应用和创意设计三个层次，循序渐进地培养学习者的基本操作技能和综合应用能力，非常注重培养学习者的实际操作能力和创新意识，鼓励学习者大胆进行创意设计。本书所用的应用软件都是目前多媒体软件的主流版本，体现了"易学、实用、新颖"的写作宗旨。

　　本书实用性强，通过大量的案例教学和实验指导，可使学习者快速掌握多媒体制作技术，能够独立进行多媒体作品的设计和制作。

　　在本书的编写过程中得到了大理大学数学与计算机学院副院长陈本辉和董万归的大力支持和帮助，同时参考了许多文献资料，在此表示衷心的感谢！

　　本书第 1、2、6 章由寸仙娥编写，第 3 章由桑志强编写，第 4 章由孙艳琼编写，第 5 章由王建书编写。本书由寸仙娥统稿。

　　由于编者水平有限和时间仓促，书中难免有错误和不当之处，恳请广大读者批评指正！

　　本书配有教学资源，包括电子教材、实验素材和教学案例等，使用本书的读者可与编者联系获得相关资源。编者 E-mail：cxeyx@163.com。

编　者

2015 年 12 月

目　　录

第 1 章　多媒体技术基础 ……………………………………………………… 1
1.1　多媒体技术的概念 …………………………………………………… 1
1.1.1　媒体 ……………………………………………………………… 1
1.1.2　多媒体 …………………………………………………………… 2
1.1.3　多媒体技术 ……………………………………………………… 2
1.2　多媒体计算机 …………………………………………………………… 3
1.2.1　多媒体计算机的组成 …………………………………………… 3
1.2.2　多媒体系统的组成 ……………………………………………… 4
1.3　多媒体技术的研究内容 ………………………………………………… 4
1.3.1　多媒体数据存储技术 …………………………………………… 4
1.3.2　多媒体数据压缩编码技术 ……………………………………… 5
1.3.3　多媒体通信与分布处理 ………………………………………… 6
1.3.4　多媒体数据库技术 ……………………………………………… 7
1.3.5　多媒体信息检索技术 …………………………………………… 7
1.3.6　虚拟现实技术 …………………………………………………… 7
1.4　多媒体技术的发展 ……………………………………………………… 8
1.4.1　多媒体技术的发展历史 ………………………………………… 8
1.4.2　多媒体技术的发展趋势 ………………………………………… 9
1.5　多媒体技术的应用 ……………………………………………………… 9
1.5.1　教育 ……………………………………………………………… 9
1.5.2　过程模拟 ………………………………………………………… 10
1.5.3　商业广告 ………………………………………………………… 10
1.5.4　影视娱乐 ………………………………………………………… 11
1.5.5　旅游 ……………………………………………………………… 11
1.5.6　多媒体通信 ……………………………………………………… 11
1.5.7　电子出版物 ……………………………………………………… 12
1.5.8　电子商务 ………………………………………………………… 12
1.5.9　军事 ……………………………………………………………… 12

第 2 章　图像处理技术 13
2.1　图像基础知识 13
2.1.1　图像的分类 13
2.1.2　图像的基本属性 15
2.1.3　图像的压缩 17
2.1.4　图像文件格式 18
2.2　图像的获取 20
2.2.1　拍摄 20
2.2.2　视频截图 20
2.2.3　屏幕截图 20
2.2.4　软件截图 21
2.2.5　软件制图 21
2.2.6　网上下载 21
2.2.7　扫描仪扫描 21
2.3　图像处理软件 Photoshop CS6 21
2.3.1　Photoshop CS6 概述 21
2.3.2　选区的建立和编辑 28
2.3.3　图像的编辑 34
2.3.4　基本绘图工具 39
2.3.5　图像的修复 48
2.3.6　图像的色彩调整 53
2.3.7　图层的应用 60
2.3.8　通道的应用 67
2.3.9　蒙版的应用 70
2.3.10　路径的应用 73
2.3.11　滤镜的应用 76

第 3 章　音频处理技术 80
3.1　音频基础知识 80
3.1.1　声音的基本概念 80
3.1.2　声音的频谱与质量 81
3.1.3　声音的连续时基性 82
3.2　数字音频 82
3.2.1　声音的数字化 82
3.2.2　声音数字音频采样 82
3.2.3　声音文件格式 83
3.3　音频处理软件 Adobe Audition CS6 85
3.3.1　Adobe Audition CS6 简介 85

3.3.2 Adobe Audition CS6 的基本操作 ················ 86
3.3.3 录制音频 ················ 89
3.3.4 编辑音频 ················ 91
3.3.5 音频效果处理 ················ 94

第 4 章 视频处理技术 ················ 99
4.1 视频基础知识 ················ 99
4.1.1 视频制式 ················ 99
4.1.2 视频文件格式 ················ 100
4.1.3 视频文件格式转换 ················ 101
4.1.4 数字视频采集 ················ 103
4.2 视频编辑软件会声会影 X2 ················ 103
4.2.1 会声会影 X2 简介 ················ 103
4.2.2 制作数字电影 ················ 105
4.2.3 视频编辑 ················ 107
4.2.4 添加视频滤镜 ················ 110
4.2.5 添加转场效果 ················ 111
4.2.6 音频编辑 ················ 112
4.2.7 添加标题 ················ 114
4.2.8 视频输出 ················ 116

第 5 章 动画制作技术 ················ 120
5.1 Flash 动画概述 ················ 120
5.1.1 Flash 动画的形成 ················ 120
5.1.2 Flash 动画的特点 ················ 121
5.1.3 Flash 动画的应用范围 ················ 121
5.1.4 Flash 的基本概念 ················ 121
5.1.5 Flash 的制作步骤 ················ 122
5.2 认识 Flash CS6 ················ 123
5.2.1 Flash CS6 欢迎界面 ················ 123
5.2.2 Flash CS6 菜单栏 ················ 124
5.2.3 主工具栏 ················ 124
5.2.4 编辑栏 ················ 125
5.2.5 工具面板 ················ 125
5.2.6 时间轴面板 ················ 126
5.2.7 属性检查器面板 ················ 127
5.2.8 库面板 ················ 128
5.2.9 颜色面板 ················ 129
5.3 Flash CS6 文件基本操作 ················ 131

5.3.1　Flash CS6 文件的新建 ……………………………………………………… 131
　　5.3.2　保存 Flash CS6 文件 ………………………………………………………… 133
　　5.3.3　关闭 Flash CS6 文件 ………………………………………………………… 133
　　5.3.4　打开 Flash CS6 文件 ………………………………………………………… 134
　5.4　Flash CS6 动画制作基础 ……………………………………………………………… 135
　　5.4.1　Flash CS6 中帧的类型 ……………………………………………………… 135
　　5.4.2　Flash CS6 中帧的操作 ……………………………………………………… 139
　　5.4.3　Flash CS6 图层的操作 ……………………………………………………… 140
　　5.4.4　Flash CS6 中的元件 ………………………………………………………… 141
　　5.4.5　Flash CS6 中创建新元件 …………………………………………………… 142
　　5.4.6　Flash CS6 元件库 …………………………………………………………… 142
　　5.4.7　场景的应用 …………………………………………………………………… 145
　　5.4.8　Flash CS6 导入图像素材 …………………………………………………… 146
　5.5　动画制作 ……………………………………………………………………………… 147
　　5.5.1　逐帧动画 ……………………………………………………………………… 148
　　5.5.2　补间动画 ……………………………………………………………………… 149
　　5.5.3　制作特殊动画 ………………………………………………………………… 150
　5.6　在 Flash CS6 中添加声音 …………………………………………………………… 154
　　5.6.1　声音的导入 …………………………………………………………………… 154
　　5.6.2　声音的编辑 …………………………………………………………………… 155
　5.7　Flash CS6 脚本基础 ………………………………………………………………… 156
　　5.7.1　认识动作面板 ………………………………………………………………… 157
　　5.7.2　Flash CS6 ActionScript 语言常用函数 ……………………………………… 158
　5.8　Flash 动画的测试、优化和发布 ……………………………………………………… 159
　　5.8.1　测试影片 ……………………………………………………………………… 160
　　5.8.2　测试场景 ……………………………………………………………………… 160
　　5.8.3　导出动画 ……………………………………………………………………… 161
　　5.8.4　上传 Flash 动画到网上 ……………………………………………………… 161

第 6 章　多媒体应用系统设计与开发 ……………………………………………………… 163
　6.1　多媒体应用系统设计 ………………………………………………………………… 163
　　6.1.1　多媒体应用系统选题 ………………………………………………………… 163
　　6.1.2　多媒体应用系统设计 ………………………………………………………… 164
　　6.1.3　多媒体应用系统的评价 ……………………………………………………… 164
　6.2　多媒体应用系统开发 ………………………………………………………………… 165
　　6.2.1　多媒体应用系统的开发过程 ………………………………………………… 165
　　6.2.2　多媒体应用系统开发工具 …………………………………………………… 166

参考文献 …………………………………………………………………………………… 168

第 1 章 多媒体技术基础

多媒体技术是计算机技术和社会需求的综合产物,是在计算机、广播电视和通信三大领域相互渗透、相互融合的过程中迅速发展起来的一门新兴技术。随着网络技术的发展,多媒体技术得到了更广泛的应用。

1.1 多媒体技术的概念

多媒体一词源自英文"Multimedia",是个复合词。它由"Multiple"和"Medium"的复数形式"Media"组合而成。"Multiple"有"多重、复合"之意;"Media"是指"介质、媒介和媒体"。按照字面理解,多媒体就是"多重媒体"或"多重媒介"的意思。

现代多媒体技术所涉及的媒体对象主要是计算机技术的产物,其他领域的单纯事物不属于多媒体的范畴,如电影、电视、音响等。

1.1.1 媒体

1. 媒体的概念

通常所说的"媒体"(Medium)包括两层含义:一是指信息的物理载体(存储和传递信息的实体),如书、挂图、磁盘、磁带以及相关的播放设备等;二是指信息的表现形式(或传播形式),如文字、声音、图像、动画、视频等。

2. 媒体的类别

媒体的类别有以下 5 类。

(1) 感觉媒体(Perception Medium):指直接作用于人的感觉器官,使人产生直接感觉的媒体。如引起听觉反应的声音、引起视觉反应的图像等。在多媒体计算机技术中所说的媒体一般指的是感觉媒体。

(2) 表示媒体(Representation Medium):指传输感觉媒体的中介媒体,即用于数据交换的编码。如图像编码(JPEG、MPEG等)、文本编码(ASCII码、GB 2312等)和声音编码等。借助表示媒体,能有效地存储感觉媒体或将感觉媒体从一个地方传送到另一个地方。

(3) 表现媒体(Presentation Medium):指进行信息输入和输出的媒体。如键盘、鼠标、扫描仪、话筒、摄像机等为输入媒体;显示器、打印机、扬声器等为输出媒体。

(4) 存储媒体(Storage Medium):指用于存储表示媒体的物理介质。如硬盘、磁盘、光盘、ROM及RAM等。

(5) 传输媒体(Transmission Medium):指传输表示媒体的物理介质。如双绞线、电缆、光纤等。

1.1.2 多媒体

顾名思义,多媒体有多种媒体之义。在多媒体技术中所说的"多媒体(Multimedia)"指的是文本、图形、视频、声音等多种形态信息的集成。在多媒体技术中所说的"多媒体",主要是多种形式的感知媒体。

1.1.3 多媒体技术

1. 多媒体技术的概念

多媒体技术是指利用计算机及相应设备,采用数字化处理技术,将文本、图形、图像、声音、动画、视频等多种媒体有机结合起来进行综合处理的技术。多媒体技术是一种基于计算机的综合技术,包括数字化信息的处理技术、音频和视频处理技术、计算机硬件和软件技术、人工智能和模式识别技术、通信和图像处理技术等,是一门跨学科的综合技术。

通常所说的"多媒体",不仅指多种媒体信息本身,还指处理和应用多媒体信息的相应技术,因此,"多媒体"常被当作"多媒体技术"的同义词。

2. 多媒体技术的处理对象

(1) 文本(Text):采用文字编辑软件生成文本文件或者采用图像处理软件形成图形方式的文字及符号。

(2) 图形(Graph):采用算法语言或某些应用软件生成的矢量图形。

(3) 图像(Image):采用像素点描述的自然影像。

（4）音频（Audio）：数字化音频文件。

（5）动画（Animation）：有矢量动画和帧动画之分。矢量动画在单画面中展示动作的全过程，而帧动画则是用多画面来描述动作。

（6）视频（Video）：动态的图像。

处理对象均采用数字形式存储，形成相应的文件，统称为"多媒体数据文件"。

3. 多媒体技术的主要特点

（1）集成性：能够对信息进行多通道统一获取、存储、组织与合成。

（2）控制性：多媒体技术以计算机为中心，综合处理和控制多媒体信息。

（3）交互性：多媒体技术可以实现人对信息的主动选择。

（4）非线性：多媒体技术借助超文本链接的方法，把知识以更灵活、更具变化的方式呈现出来，改变了人们传统的、循序渐进的读写模式。

（5）实时性：当用户发出操作命令时，相应的多媒体信息能够得到实时控制。

1.2 多媒体计算机

一般情况下，如果一台计算机具备了处理多媒体信息的硬件条件和软件系统，这台计算机就具备了多媒体功能，进而这台计算机就是多媒体计算机。

1.2.1 多媒体计算机的组成

一般来说，多媒体计算机的硬件结构可以包括以下几个部分。

（1）功能强大、速度快的中央处理器。

（2）可管理、控制各种接口与设备的硬件配置。

（3）具有较高容量的外部存储空间（硬盘）。

（4）读写速度快、可存放大量数据的缓冲存储空间（内存）。

（5）光盘驱动器。就是我们平常所说的光驱（CD-ROM），用来读取光盘信息，是多媒体计算机不可缺少的硬件配置。光盘存储容量大，价格便宜，保存时间长，适合保存大量的数据，如声音、图像、动画、视频信息等多媒体信息。

（6）音频卡。在音频卡上连接的音频输入/输出设备包括话筒、音频播放设备、MIDI合成器、耳机、扬声器等。对数字音频处理的支持是多媒体计算机的重要功能，音频卡具有A/D和D/A音频信号的转换功能，可以合成音乐、混合多种声源，还可以外接MIDI电子音乐设备。

（7）图形加速卡。图文并茂的多媒体表现需要分辨率高、色彩显示丰富的显示卡的支持，同时还要求具有在操作系统中的显示驱动程序，并且要求在操作系统中的像素运算速度要快。带有图形用户接口(GUI)加速器的局部总线显示适配器使得在操作系统中的显示速度大大加快。

(8) 视频卡。可细分为视频捕捉卡、视频处理卡、视频播放卡以及 TV 编码器等,其功能是连接摄像机、VCR 影碟机、TV 等设备,以便获取、处理和表现各种动画和数字化视频媒体。

(9) 打印机接口。用来连接各种打印机,包括针式打印机、激光打印机、彩色喷墨打印机等。

(10) 交互控制接口。用来连接触摸屏、鼠标、光笔等人机交互设备,这些设备能大大方便用户对多媒体个人计算机的使用。

(11) 网络接口卡(网卡)。分为无线网络接口卡和有线网络接口卡,常用的有线网络接口卡有 100 Mb/s 网络接口卡和 1 000 Mb/s 网络接口卡两种。

1.2.2 多媒体系统的组成

一般的多媒体系统主要由 4 个部分组成:多媒体硬件系统、多媒体操作系统、多媒体处理系统工具和用户应用软件。

多媒体硬件系统包括计算机硬件、声音/视频处理器、多种媒体输入/输出设备及信号转换装置、通信传输设备及接口装置等。

多媒体操作系统是多媒体的核心系统,具有实时任务调度、多媒体数据转换和同步控制以及图形用户界面管理等功能。

多媒体处理系统工具也称为多媒体系统开发工具软件,是多媒体系统的重要组成部分。

用户应用软件是根据多媒体系统终端用户要求而定制的应用软件或面向某一领域的用户应用软件系统,它是面向大规模用户的系统产品。

1.3 多媒体技术的研究内容

多媒体技术主要研究多媒体数据压缩编码技术、多媒体通信与分布处理技术、多媒体数据库技术等。

1.3.1 多媒体数据存储技术

多媒体数据中的音频和视频数据量非常大,如何存储和传输这些信息非常重要。目前,主要的存储介质有磁盘、U 盘、光盘等。常用的 CD-ROM 光盘容量为 650 MB 左右,存储容量更大的 DVD 光盘,单面单密度容量为 4.7 GB,双面双密度容量为 17 GB,普通蓝光光盘容量可达 25 GB。

1.3.2 多媒体数据压缩编码技术

在多媒体系统中,由于涉及的各种媒体信息主要是非常规数据类型,这些数据所需要的存储空间往往十分巨大,给数据存储和数据传输带来了很多麻烦。为了使多媒体技术具有实用性,除了采用新技术手段增加存储空间和通信带宽外,对数据进行有效压缩是多媒体技术必须解决的关键技术之一。

根据数据压缩的原理进行划分,编码方法可以分为以下几类。

1. 预测编码

预测编码是根据空间中相邻数据的相关性,利用过去和现在出现过的点的数据情况来预测未来点的数据。通常用的方法是差分脉冲编码调制(DPCM)和自适应差分脉冲编码调制(ADPCM)。

2. 变换编码

变换编码将图像光强矩阵(时域信号)变换到频域空间上进行处理。一般采用正交变换,如离散余弦变换(DCT)、离散傅里叶变换(DFT)等。

3. 量化与向量量化编码

对模拟信号进行数字化时,要经历一个量化的过程。一次量化多个点的方法称为向量量化。

4. 统计编码(信息熵编码)

统计编码是根据信息熵原理,让出现概率大的符号用短的码字表示,反之用长的码字表示。常见的方法有霍夫曼编码、香农编码和算术编码等。

5. 子带编码

将图像数据变换到频域后,按频域分带,然后用不同的量化器进行量化,从而达到最优的组合。或者分步渐近编码,在初始时对某一频带的信号进行解码,然后逐渐扩展到所有频带。

6. 模型编码

编码时首先将图像中的边界、轮廓、纹理等结构特征找出来,然后保存这些参数信息。解码时根据结构和参数信息进行合成,恢复原图像。

1.3.3 多媒体通信与分布处理

1. 多媒体通信

随着网络和通信技术的发展,传统的通信方式(如电话和传真)已经不能满足人们的日常需要。可以即时传送语音和视频图像的可视电话、视频会议和基于 Web 服务的在线聊天等已普及,远程教育和远程医疗也在逐步普及,这些服务都离不开多媒体通信技术的支持。

多媒体通信对多媒体产业的发展、普及和应用有着举足轻重的作用,它构成了整个产业发展的关键和瓶颈。现行的通信网络,如电话网、广播电视网和计算机网络,传输性能都不能很好地满足多媒体数据数字化通信的需求,音频和视频的网络宽带快速传输技术仍然是多媒体通信的瓶颈。要真正解决多媒体通信问题,有待于信息高速公路的实现。宽带综合业务数字网(B-ISDN)是目前解决这个问题的一个比较完整的方法。

2. 多媒体分布处理

分布处理就是要将所有介入到分布处理过程中的对象、处理及通信都统一地控制起来,对合作活动进行有效的协调,使所有任务都能正常地完成。

分布式多媒体系统有以下基本特征。

(1) 集成性。

通常,信息的采集、存储、加工、传输都是通过不同的载体来完成的。单一媒体的采集、存储、传输都有自己的理论和技术。多媒体一体化就是把多种媒体综合在一起,对不同媒体、不同类型的信息采用相同的接口进行统一管理,大大提高了多媒体系统的应用效率和水平。

(2) 资源分散性。

分布式多媒体系统的资源分散性是指系统中各种物理资源和逻辑资源在功能上和地理上都是分散的。

(3) 运行实时性。

通常,音频、视频是时基媒体,对计算机系统提出实时要求。为实现多媒体通信,要解决通信协议和远程调用 RPC 问题,也要解决某些时基媒体和非时基媒体如何同步调度、组合等问题。

(4) 操作交互性。

操作交互性是指在分布式系统中实时交互式发送、传播和接收各种多媒体信息,可以随时对多媒体信息进行加工、处理、修改、放大和重新组合。

(5) 系统透明性。

分布式多媒体系统要求透明,主要是因为系统中的资源是分散的,用户在全局范围内使用相同的名字可以共享全局的所有资源。

1.3.4　多媒体数据库技术

多媒体数据库是媒体技术与数据库技术相结合产生的一种新型的数据库。多媒体数据库涉及计算机多媒体技术、网络技术与传统数据库技术3个方面,它能够同时处理、编辑、存储、传输、展示多媒体信息(文字、声音、图形、图像和视频等)。

多媒体数据库技术主要包括:数据建模与存储,数据的索引和过滤,数据的检索与查询。多媒体数据库有非常广阔的应用领域,能给人们带来极大的方便。目前的研究难点和热点是查询和检索,尤其是对图像、语言进行基于内容的查询和检索。

1.3.5　多媒体信息检索技术

随着计算机、互联网和数字媒体的进一步普及,以文本、视频、音频、图形与图像为主体的多媒体信息急剧增加,通过互联网实现全球多媒体信息的共享成为可能,用户查询多媒体信息也变得越来越普遍,各种新的应用需求也随之而来。传统信息检索技术主要面向文本(Text),通常利用一组关键字或词组成的查询项来搜索定位文本数据库中相关文本文档,如果某个文档中包含较多查询项,那么就认为比其他包含较少查询项的文档更相关,搜索系统将按照这种相关程度对查询结果进行排序,并依次展现给用户,以便用户浏览和进一步查找。但对于图像和视频等多媒体信息,一般难以用自然语言进行有效的、精确的描述,无法表达其实质内容和语义关系,所以依据文本信息检索图片和视频的解决方案很难满足人们的查询需要,搜索精度很低。于是,新的需求提出一个非常重要的、富有挑战性的研究问题——以某一种或多种媒体表达方式描述的用户查询与以不同类型媒体表达方式描述的媒体信息之间的相关匹配问题,即基于内容的跨越媒体的信息检索(Content-based Cross-media Information Retrieval,CMIR),它从单一媒体检索走向各种媒体的综合检索。

1.3.6　虚拟现实技术

虚拟现实(Virtual Reality,VR)利用计算机生成一种模拟环境,如飞机驾驶舱、操作现场等,通过多种传感设备,使人能够沉浸在计算机生成的虚拟世界中,并能通过语言、手势等自然方式与之进行实时交互,创建一种适人化的多维信息空间。使用者不仅能够通过虚拟现实系统感受到在客观世界中所经历的"身临其境"的感觉,还能够突破空间、时间以及其他客观限制,感受到在真实世界中无法亲身经历的体验。

虚拟现实技术是集计算机技术、传感技术、通信技术、人工智能、模式识别、心理学等多门学科于一体的综合技术,是多媒体技术发展的趋势。虚拟现实技术通过计算机展现给用户一个虚拟的三维空间,用户可以通过各种特殊的输入输出设备(如头盔式显示器、数据传感手套等)与虚拟现实环境进行交互。目前,虚拟现实技术主要应用于电子游戏和模拟飞行训练等。

1.4 多媒体技术的发展

多媒体技术的发展是社会需求和社会推动的结果,是计算机技术不断成熟和扩展的结果,同时多媒体技术为计算机应用开拓了更广阔的领域。

1.4.1 多媒体技术的发展历史

在多媒体技术的整个发展过程中,主要经历了以下几个具有代表性的阶段。

(1) 1984 年,美国 Apple 公司的 Macintosh 计算机问世,它使用了位映射(Bitmap)、窗口(Window)、图标(Icon)等技术。

(2) 1985 年,美国 Microsoft 公司推出了图形用户界面的多窗口操作系统 Windows。

(3) 1986 年,荷兰 Philips 公司和日本 Sony 公司联合研制并推出交互式紧凑光盘(Compact Disc Interactive,CD-I),同时公布了该系统所采用的 CD-ROM 光盘的数据格式。

(4) 1987 年,交互式数字视频系统 DVI 问世。

(5) 1990 年,美国 Microsoft 公司和荷兰 Philips 公司等计算机公司共同成立了"多媒体个人计算机市场协会(Multimedia PC Marketing Council)"。该协会的主要任务是对计算机的多媒体技术进行规范化管理和制定相应的标准。该协会制定了多媒体计算机的 MPC 标准。1990 年制定了 MPC1 标准,1993 年制定了 MPC2 标准,1995 年制定了 MPC3 标准。

(6) 1992 年,JPEG、MPEG-1 标准制定。

(7) 1993 年,美国伊利诺伊大学的美国超级计算机应用国家中心开发出第一个万维网浏览器 Mosaic。

(8) 1994 年,流媒体出现。

(9) 1995 年,美国 Microsoft 公司开发的 Windows 95 操作系统问世。

(10) 1997 年,美国 Intel 公司推出具有 MMX 技术的奔腾处理器,并使它成为多媒体计算机的一个标准。同年,DVD 影碟与播放器问世。

随着计算机硬件和音频视频压缩技术日趋成熟,多媒体技术得到了蓬勃发展。国际互联网络的兴起,也促进了多媒体技术的发展,更新更高的 MPC 标准相继问世。

1.4.2 多媒体技术的发展趋势

多媒体技术的发展趋势可以概括为以下 4 个方面。

1. 媒体多样化

随着科技的进步,新的信息媒体不断出现。

2. 信息传输统一化

从各种媒体信息分别在不同的网络上传输到综合在同一网络上传输。用同一综合网络传输各种媒体信息既可降低通信费用,又能较好地解决网络地址管理和各种媒体间同步的问题。

3. 设备控制集中化

从各媒体设备的分散控制到集中于单卡甚至主板上的统一控制。分散的媒体设备控制不便于各种信息的有机结合,控制的集中化便于灵活运用各种媒体表达事物。

4. 多媒体技术网络化

多媒体技术与网络通信技术的结合产生了网络多媒体技术。网络多媒体技术带来了多种新的应用,同时也给网络技术的发展指出了新的方向。

从未来发展趋势看,网络音频视频通信在需求的推动下逐渐发展成为一种新的边缘技术。网络音频视频通信主要包括可视电话、视频会议、远程教育、远程医疗、网上休闲娱乐等。

1.5 多媒体技术的应用

多媒体技术具有直观、信息量大、易于接受和传播迅速等特点,它的应用领域非常广泛,几乎遍布各行各业以及人们生活的各个方面。随着国际互联网的发展和延伸,多媒体应用领域还在迅速拓展。

1.5.1 教育

教育领域是最早应用多媒体的领域,也是发展最快的领域。以最自然、最容易接受的多媒体形式使人们接受教育,不但扩展了信息量,提高了知识的趣味性,还增强了学习的主动性。

1. 计算机辅助教学

计算机辅助教学(Computer Assisted Instruction,CAI)是多媒体技术在教育领域中应用的典型范例,它是新型教育技术和计算机应用技术相结合的产物,其核心内容是指以计算机多媒体技术为教学媒介而进行的教学活动。

2. 计算机辅助学习

计算机辅助学习(Computer Assisted Learning,CAL)也是多媒体技术应用的一个方面。它着重体现在学习信息的供求关系方面。CAL 向受教育者提供有关学习的帮助信息。

3. 计算机化教学

计算机化教学(Computer Based Instruction,CBI)是近年来发展起来的多媒体技术。它代表了多媒体技术应用的最高境界,并将使计算机教学手段从"辅助"位置走到前台来,成为主角。

4. 计算机化学习

计算机化学习(Computer Based Learning,CBL)是充分利用多媒体技术提供学习机会和手段的事物。在计算机技术的支持下,受教育者可在计算机上自主学习多学科、多领域的知识。

5. 计算机辅助训练

计算机辅助训练(Computer Assisted Training,CAT)是一种教学辅助手段。它通过计算机提供多种训练科目和练习,使受教育者加速消化所学知识,充分理解与掌握重点和难点。

6. 计算机管理教学

计算机管理教学(Computer Managed Instruction,CMI)主要是利用计算机技术解决多方位、多层次教学管理的问题。

在实施 CMI 时,计算机技术的应用强度是一个关键问题。计算机介入管理越多,效率越高,同时还可减少人为因素造成的纰漏和疏忽。

1.5.2 过程模拟

在设备运行、化学反应、火山喷发、海洋洋流、天气预报、天体演化、生物进化等自然现象的诸多方面,采用多媒体技术模拟其发生的过程,可以使人们能够轻松、形象地了解事物变化的原理和关键环节,并且能够建立必要的感性认识,使复杂、难以用语言准确描述的变化过程变得形象而具体。

1.5.3 商业广告

多媒体技术已广泛应用于商业广告。从影视广告、招贴广告,到市场广告、企业广告,其绚丽的色彩、变化多端的形态、特殊的创意效果,不但使人们了解了广告的意图,而且得到了艺术享受。

1.5.4　影视娱乐

多媒体技术在影视娱乐业作品的制作和处理中已被广泛采用。

随着多媒体技术的发展逐步趋于成熟,在影视娱乐业中,使用先进的计算机技术已经成为一种趋势,大量的计算机制作效果被应用到影视作品中,从而增加了艺术效果和商业价值。

1.5.5　旅游

旅游是人们享受生活的一种重要方式,多媒体技术应用于旅游业,充分体现了信息社会的特点。通过多媒体展示,人们可以全方位了解各地的旅游信息。

1.5.6　多媒体通信

多媒体计算机、电视和网络的融合将形成一个极大的多媒体通信环境,它不仅改变了信息传递的方式,带来通信技术的变革,而且使计算机的交互性、通信的分布性和多媒体的多样性相结合,它将构成继电报、电话、传真之后的第四代通信手段,向社会提供全新的信息服务。

1. 多媒体视频点播系统

多媒体视频点播系统(Video on Demand,VOD):用户可以任意点播视频和点播系统中的影片。

2. 交互式电视

交互式电视(Interactive TV,ITV):用户在电视机前可对电视台节目库中的信息按需选取。

3. 计算机支持的协同工作

计算机支持的协同工作(Computer Supported Cooperative Work,CSCW):在计算机支持的环境中,一个群体协同工作以完成一项共同的任务。它主要应用于工业产品的协同设计与制造、远程会诊、不同地域的同行间学术交流、师生间的协同式学习等。

4. 多媒体会议系统

多媒体会议系统是将计算机技术、音频视频编解码技术和网络传输管理技术集于一体的综合应用系统。通过文字、声音、图形、图像、视频等综合表现形式和手段,应用于多媒体会议的现场记录,将会议实况完整地保留下来,形成完整的会议资料和历史资料。通过计算机网络,突破传统的会议概念,使会议室没有了地理上的差异和限制,与会者可以在自己的计算机上参加多媒体视频会议,并可对关键部分反复播放,大大提高了会议质量,适应了信息时代的高节奏、高效率的发展需要。远程视频会议系统可以实现在不同地点的主会场及分会场同时参加会议,既降低了会议费用,又节省了宝贵的时间。

5. 多媒体办公自动化

多媒体办公自动化是指采用先进的数字影像技术和多媒体计算机技术,把文件扫描仪、图文传真机以及文件微缩系统等现代办公设备综合起来管理,以影像代替纸张、用计算机代替人工操作构成的全新办公自动化系统。

1.5.7 电子出版物

电子出版物是指以数字方式将各种多媒体元素(图、文、声、像等)存储在磁盘或光盘等介质上,通过计算机或类似设备进行阅读使用,并可以复制发行的大众传播媒体。电子出版物的内容涉及名胜古迹、风土人情、家庭教育、生活百科、游戏、科普知识等。

1.5.8 电子商务

电子商务是以信息网络技术为手段,以商品交换为中心的商务活动,即以电子交易方式进行交易活动和相关服务的活动,是传统商业活动各环节的电子化、网络化、信息化。

电子商务通常是基于浏览器/服务器应用方式,买卖双方不谋面地进行各种商贸活动,实现消费者的网上购物、商户之间的网上交易和在线电子支付以及各种商务活动、交易活动、金融活动和相关的综合服务活动的一种新型的商业运营模式。

1.5.9 军事

多媒体技术已经广泛应用于作战指挥与作战模拟。在情报侦察、网络信息通信、信息处理、电子地图、战场态势显示、作战方案选优、战果评估等方面大量采用了多媒体技术。多媒体作战对抗模拟系统、多媒体作战指挥远程会议系统、虚拟战场环境等也大量采用了多媒体技术。

第 2 章 图像处理技术

图像与我们的生活密切相关，无处不在，从寓言故事到漫画，从黑白照片到艺术写真，在浩瀚的网络资源中，图像信息更是占据着不容忽视的地位。由于在教育、学习、艺术创作、生活、娱乐等方面经常会用到各种各样的图像，而且不可避免地会遇到对图像信息不满意的情况，因此，更改图像信息或者进行图像处理是现代人不可或缺的重要技能。本章以 Adobe Photoshop CS6 为例，介绍数字化图像处理技术。

2.1 图像基础知识

图像就是人眼所看到的客观世界，是人的认知活动中最容易接受的信息，其最大的特点是形象、生动并且直观地表现信息。

2.1.1 图像的分类

1. 灰度图像与彩色图像

按照图像的色彩表现形式可以将图像划分为两种类型：灰度图像和彩色图像。

灰度图像是每个像素只有一个采样颜色的图像，这类图像通常显示为从最暗的黑色到最亮的白色的灰度。每个像素的像素值用 1 位存储的图像，只能表示黑色和白色，称为单色图像或黑白图像，如图 2-1 所示。每个像素的像素值用 8 位存储的图像，可以表示从黑色到白色的 256 级灰度值，称为灰度图像，如图 2-2 所示。

彩色图像是每个像素有 3 个采样颜色的图像，每一个像素的颜色用红、绿、蓝 3 种颜色按照不同的比例混合而成。根据存储的颜色数目来划分,可以分为如图 2-3 所示的 256 色彩色图像和如图 2-4 所示的真彩色图像。

图 2-1　黑白图像

图 2-2　灰度图像

图 2-3　256 色彩色图像

图 2-4　24 位真彩色图像

2. 位图和矢量图

在计算机中,通常使用位图和矢量图来表示图像或计算机生成的图形。

位图是由许多的像素组成的彩色图像。可以认为显示设备上的图像是由很多像素构成的,每个像素点都有自己的颜色、亮度等属性。通俗的说,位图图像是由连续区域内的像素点构成的,也称为点阵图像。计算机在存储位图图像时,其实质是存储位图图像的每个像素点的颜色与亮度等属性的具体数据值。

位图图像文件在存储时所需的空间主要由两个因素决定:图像分辨率和像素深度。一幅图像的分辨率越高,图像就越清晰,所需的存储空间也越大;图像的像素深度越深,图像的色彩就越丰富,所需的存储空间也越大。

矢量图是用数学表达式来表示一幅图,即用构成该图形的直线、圆弧、矩形、圆、任意曲线等绘图指令来描述图形的内容。矢量图形包括颜色和位置信息,所占的存储空间小于相同大小的位图所占的存储空间。矢量图形文件的大小取决于图像的复杂程度。

显示矢量图形的过程也就是重新绘图的过程。所以当用矢量图来表示一幅色彩丰富的复杂图像时,重新绘图需要很长的运行时间,甚至无法完成图像的重新绘制。

矢量图和位图最大的区别在于矢量图可以对图形进行任意的放大和缩小,其图形不会失真;位图则在对图像进行放大和缩小的过程中,会对图像产生不可逆转的失真变形。

2.1.2 图像的基本属性

1. 色彩三要素

色彩三要素包括色相(Hue)、亮度(Lightness)和饱和度(Saturation)。

色相是指色彩的相貌称谓,如红、橙、黄、绿、青、蓝、紫等。色相是色彩的首要特征,是区别各种不同色彩的最准确的标准。色相的区别是由波长决定的,波长不同,色相就不相同。色相的选择使用 0°～360° 来表示,如图2-5所示。

亮度是指某种彩色光的明亮程度,也称为明度。明度的大小通常用反光率来表示。对于同一物体,照射光越强,反射光也就越强,亮度也就越大。人眼对不同颜色的视觉灵敏度不同,不同颜色在反光率相同时,也会产生不同的明度感受。

图 2-5 色相图

饱和度也叫纯度、浓度等,是指色彩的纯净程度。纯度越高,图像表现越鲜明;纯度较低,图像表现则较为黯淡。色彩的饱和度用 0～255 来表示。当色彩的饱和度为 255 时,色彩具有最高的饱和度,表现颜色为该色彩的固有色;当色彩的饱和度为 0 时,色彩表现为无彩色,失去了饱和度和色相的特性,仅保留了亮度。

2. 图像的分辨率

图像的分辨率是指组成一幅图像的像素密度,是衡量图像质量最基本的标准。分辨率用单位面积内水平和垂直方向所包含的像素数表示,即用每英寸上的像素数目(dpi)表示。同样大小的一幅图像,组成该图像的像素数目越多,图像的分辨率就越高,图像看起来就越细腻、逼真。反之,图像就显得模糊。如图2-6和图2-7所示。

图 2-6　354×426 原图　　　　　图 2-7　59×71 放大 8 倍的图像

显示分辨率则是指显示屏能够显示的像素数目。屏幕能够显示的像素越多,说明显示设备的分辨率越高,显示的图像质量也就越好。例如,显示分辨率为 1 024×768 表示显示屏横向每行有 1 024 个像素,纵向每列有 768 个像素,整个显示屏包含的像素数目为 786 432 个。

图像分辨率与显示分辨率是两个不同的概念。图像分辨率是指单位面积内的图像像素数目,而显示分辨率是表示能显示图像的区域大小。当图像分辨率大于显示分辨率时,显示屏只能显示图像的一部分;当图像分辨率小于显示分辨率时,图像只占显示屏的一部分。

3. 色彩模式

色彩模式是数字世界中表示颜色的一种算法。在数字世界中,为了表示各种颜色,人们通常将颜色划分为若干分量,然后转换为数字化的二进制数值进行存储。采用的二进制位数越多,能够表示的颜色种类也就越多。根据颜色划分方法的不同,图像的色彩模式也不同。常用的色彩模式有 RGB 色彩模式、CMYK 色彩模式和 LAB 色彩模式。

RGB 色彩模式采用三基色模型,这种色彩模式把世界上所有的颜色都看成是由 R、G、B 3 种颜色按照不同的比例混合而成的;所以 R、G、B 3 种颜色被称作三基色或三原色。RGB 色彩模式是显示器、电视机、扫描仪、数码相机等设备最常用的色彩模式。每一种颜色叫做一个颜色通道,使用 8 位的二进制数进行存储,RGB 色彩模式可以表示多达 1 670 万种颜色。如果使用 16 位的二进制数进行存储,则表示的颜色种类将更多,更能真实地还原色彩。

CMYK 色彩模式又称为减色模式,其原理是当阳光照射到一个物体上时,这个物体将吸收一部分光线,并将剩下的光线进行反射,反射的光线就是我们所看见的物体颜色。人们看物体的颜色时用到了这种减色模式,而且在纸上印刷时应用的也是这种减色模式。CMYK 色彩模式代表印刷上用的 4 种颜色,C 代表青色,M 代表洋红色,Y 代表黄色,K

代表黑色。因为在实际应用中,青色、洋红色和黄色很难叠加形成真正的黑色,最多不过是褐色而已,因此才引入了 K——黑色。黑色的作用是强化暗调,加深暗部色彩。

LAB 模式是由国际照明委员会(CIE)于 1976 年公布的一种色彩模式。LAB 模式既不依赖光线,也不依赖于颜料,它是 CIE 组织确定的一个理论上包括了正常视力的人眼能够看到的所有色彩的色彩模式。LAB 模式描述的是颜色的显示方式,而不是设备(如显示器、桌面打印机或数码相机)生成颜色所需的特定色料的数量,所以 LAB 模式被视为与设备无关的色彩模型。LAB 模式也由 3 个通道组成,一个通道是亮度,即 L,L 的值域是 0~100。另外两个是色彩通道,用 A 和 B 来表示。A 通道的颜色从深绿色(低亮度值)到灰色(中亮度值)再到洋红色(高亮度值);B 通道的颜色是从深蓝色(底亮度值)到灰色(中亮度值)再到黄色(高亮度值)。因此,这种色彩混合后将产生明亮的色彩。

在色彩表示范围上,LAB 模式处于第一位,RGB 模式处于第二位,CMYK 模式处于第三位。所以在 RGB 模式转换为 CMYK 模式的时候,采用先把 RGB 模式转换为 LAB 模式,然后再把 LAB 模式转换为 CMYK 模式的方法。

4. 图像的大小

图像数字化后存放在图像文件中,图像文件的大小是指在磁盘上存储整幅图像所有像素的字节数。图像文件的字节数可以按下面的公式计算:

$$图像数据量 = 图像水平分辨率 \times 图像垂直分辨率 \times 像素深度 \div 8$$

例如,一幅颜色深度为 24 位,分辨率为 $1\,024 \times 768$ 的图像文件的大小是:

$$1\,024 \times 768 \times 24 \div 8 = 2.25\ \text{MB}$$

2.1.3 图像的压缩

图像在计算机中是以数据的形式表现的,这些数据之间存在一定的相关性,称为图像数据的相关性。图像数据的相关性是指图像中相邻区域内的像素点有相近的亮度和颜色值。因此可以对图像进行压缩,图像数据的相关性决定了压缩比率的高低。

按照压缩技术的原理、功能、应用以及用户的不同需求,图像数据的压缩方法分为:可逆压缩编码和不可逆压缩编码。可逆压缩编码一般使用游程编码、哈夫曼编码和算术编码等编码方法,其图像压缩能力是基于所处理的图像的信息熵,用这种可逆压缩编码方法很难达到较大的图像数据压缩比。可逆压缩编码主要应用于传真、网络通信、医疗图像和卫星图像、通信系统等要求图像信息不丢失的环境。不可逆压缩编码的编码方式有很多种:基于向量量化原理的向量量化编码、基于正交变换原理的离散余弦编码、基于线性预测原理的预测编码和分频带编码等。

图像数据的压缩方法很多,不同的压缩方法需要用与之相对应的图像数据解压缩软件才能正确解压缩,因此有必要建立一个通用的图像数据压缩标准。国际电报电话咨询委员会(CCITT)和国际标准化组织(ISO)联合组成了联合图像专家组(JPEG)在 1991 年

3月制定出了第一个国际通用的图像压缩标准——JPEG标准。

JPEG标准适用于彩色和单色多灰度或连续色调的静止图像的数据压缩,对不太复杂的图像或者取自真实镜像的图像压缩效果更好。它包括以二维空间差分脉冲编码调制(DPCM)为基础的空间预测法的无损压缩和基于离散余弦变换(DCT)和哈夫曼编码的压缩两部分。以二维空间差分脉冲编码调制(DPCM)为基础的空间预测法的压缩率低,一般为10∶1,但是可以处理较大范围的像素,并且解压缩后可以完全复原,是一种无损压缩算法。基于离散余弦变换(DCT)的压缩率高,可以达到40∶1,但是会造成一定的信息损失;解压缩时不是恢复原有图像,而是生成类似的图像,但是除了图像专家能看出二者的区别以外,普通使用者很难看出两者的区别。

JPEG标准是一种很灵活的格式,具有调节图像质量的功能,允许用不同的压缩比例对文件进行压缩,支持多种压缩级别,压缩比率通常在10∶1到40∶1之间,压缩比越大,品质就越差;相反,压缩比越小,品质就越好。

2.1.4 图像文件格式

在数字图像的编辑过程中,根据不同的存储要求或者不同的图像处理方法,就会产生不同的图像格式。图像文件的格式有很多种,如PNG、PSD、JPEG、GIF和TIFF等。

1. PNG格式

PNG格式是一种新型的图像文件格式,是流式网络图形格式(Portable Network Graphic Format)的英文缩写。是专门用来为网络优化压缩图像设计的,支持动态图像和透明背景。PNG用来存储灰度图像时,灰度图像的深度可多达16位,存储彩色图像时,彩色图像的深度可多达48位,并且还可以存储多达16位的A通道数据。PNG使用从LZ77派生的无损数据压缩算法。

PNG格式图片因其高保真性、透明性及文件体积较小等特性,被广泛应用于网页设计、平面设计中。网络通讯中因受带宽制约,在保证图片清晰、逼真的前提下,网页中不可能大范围的使用文件较大的BMP、JPG等格式的图像文件,GIF格式的图像文件虽然体积较小,但其颜色失真严重,不尽如人意,所以PNG格式的图像文件自诞生之日起就大行其道,得到广泛应用。

2. PSD格式

PSD是著名的Adobe公司的图像处理软件Photoshop的默认格式,是Photoshop Document的英文缩写。这种格式可以存储Photoshop中所有的图层、通道和颜色模式等信息。在保存图像时,若图像中包含有图层等信息,一般采用PSD格式保存。PSD格式在保存时会将文件压缩,以减少占用磁盘空间,但PSD格式所包含图像数据信息较多(如图层、通道、剪辑路径、参考线等),因此比其他格式的图像文件还是要大得多。PSD

格式的图像文件保留所有原图像数据信息,而且是唯一支持全部色彩模式的图像文件格式,把图像文件保存成 PSD 格式,非常便于对图像进行后期修改操作。

不过,多数排版软件并不支持 PSD 格式的图像文件,所以等到图像处理完成后,最好还是将 PSD 格式的图像文件转换为其他占用磁盘空间小而且存储质量好的文件格式。

3. JPEG 格式

JPEG 是联合图像专家组(Joint Photographic Experts Group)的英文缩写,文件后缀名为".jpg"或".jpeg"。是一种支持 8 位和 24 位色彩的压缩位图格式,JPEG 格式是真彩色图像格式,支持多达 1 670 万种颜色,适合保存色彩丰富的图像。适合在网络(Internet)上传输,是非常流行的图像文件格式。

4. GIF 格式

GIF 是图像交换格式(Graphics Interchange Format)的简称,是由美国 CompuServe 公司在 1987 年提出的图像文件格式。

GIF 文件格式采用了一种经过改进的 LZW 压缩算法,称之为 GIF-LZW 算法。GIF 是一种无损压缩算法,压缩效率比较高,并且支持在一个 GIF 文件中存放多幅彩色图像,可以按照一定的顺序和时间间隔将多幅图像依次读出并显示在屏幕上,形成一种简单的动画效果。尽管 GIF 最多只支持 65 535×65 535 分辨率和 256 色的图像,但是由于它具有极佳的压缩效率,并且支持动画和透明背景,因而被广泛应用于网页设计。

5. TIFF 格式

TIFF(Tag Image File Format)简称 TIF,是一种包容性很强的图像文件格式,几乎所有的扫描仪和大多数图像软件都支持这一格式。TIFF 是一种非失真的压缩格式(最高 2~3 倍的压缩比)。这种压缩是文件本身的压缩,即把文件中某些重复的信息采用一种特殊的方式记录,文件可完全还原,能保持原有图像的颜色和层次。优点是图像质量好,兼容性比 RAW 格式高,但占用磁盘空间大。

TIFF 是一种比较灵活的位图图像格式,支持 256 色和 24 位、32 位、48 位等多种真色彩图像。几乎所有的绘画、图像编辑和桌面排版应用程序都支持 TIFF 格式。而且,几乎所有的桌面扫描仪都可以生成 TIFF 格式的图像文件。TIFF 格式可以制作质量非常高的图像,经常用于出版印刷。TIFF 格式还支持具有 Alpha 通道的 CMYK、RGB、LAB、索引颜色和灰度图像以及无 Alpha 通道的位图模式的图像。

6. BMP 格式

BMP 是一种与硬件设备无关的图像文件格式,是 Windows 系统的标准位图格式,使用范围很广泛。它采用位映射存储格式,除了图像深度可选以外,采用 RLE(游程长度编码的缩写)压缩方式进行无损压缩,因此,BMP 格式的图像文件所占用的磁盘空间很大,极少应用于网络。

7. PCX 格式

PCX 格式是 ZSOFT 公司在开发图像处理软件 Paintbrush 时开发的一种格式,是基于 PC 的绘图程序的专用格式。一般的桌面排版、图形艺术和视频捕获软件都支持这种格式。

PCX 格式是最早支持彩色图像的一种文件格式,现在最高可以支持 256 种彩色。PCX 文件采用 RLE 游程编码压缩文件,文件中存放的是压缩后的图像数据。因此,将采集到的图像数据写成 PCX 文件格式时,要对其进行 RLE 游程编码;而读取一个 PCX 文件时首先要对其进行 RLE 游程解码,才能进一步显示和处理。

2.2 图像的获取

图像可以通过多种方法获取。如手工绘制、屏幕抓图、扫描仪扫描、网络下载、购买图像素材光盘和数码相机拍摄等多种获取方式。

2.2.1 拍摄

在生活中,拍摄照片随处可见。拍摄数字图像,需要数码相机或带有拍摄功能的手机等数字设备。拍摄设备携带方便且操作简单,广泛应用于实时取像和异地取像,是目前最为常见的图像获取方式。

2.2.2 视频截图

视频截图是指在动态的视频播放过程中,截取当前显示的某个画面并保存为一张静态图像。如超级解霸、金山影霸等视频播放软件都有实时截图功能。利用这些软件可以非常方便地截取视频中的一个或多个画面。

2.2.3 屏幕截图

屏幕截图是针对计算机操作系统而言的,是指截取屏幕当前显示的内容并保存为一张静态图片的操作过程。

按"Print Screen"键,即将整个屏幕图像信息保存到操作系统的剪贴板;按"Alt+Print Screen"键,即将当前窗口图像信息保存到操作系统的剪贴板。然后,只要运行 Windows 操作系统的"画图"工具软件,或运行 Photoshop 等图像处理软件,并新建一个空白文件,再按"Ctrl+V"快捷键,把图像从剪贴板粘贴到软件中,最后为其命名、保存就可以了。

2.2.4 软件截图

在多媒体作品设计过程中,经常需要截取屏幕上出现的画面作为素材,但这些画面并非以独立的文件存在,而是某一个程序或某一个界面的组成部分,甚至是一个动态的画面。此时需要使用截图软件将屏幕画面截取下来,既可以截取整个屏幕,也可以截取单个窗口,还可以截取规则区域或不规则的区域。常见的截图软件有 HyperSnap 和 Snagit 等。

2.2.5 软件制图

软件制图主要指绘制矢量图形,如工程图纸、地图等。一般的图像处理软件都提供制作图形、图像的基本工具,比较著名的绘图软件有 CorelDraw、FreeHand 等。

2.2.6 网上下载

从网上搜索并下载图片是获取图像的重要途径。互联网上有丰富的图像资源,很多网站都提供图片下载服务,可以直接从网站的资源库中下载图片。在网页上显示的图片,通过右击图片,在弹出的快捷菜单中选择"图片另存为"命令,在弹出的对话框中指定图像文件的保存路径和文件名,单击"确定"按钮,就可以把图片下载到计算机中了。

2.2.7 扫描仪扫描

使用扫描仪可以把平面设计作品、印刷品和照片等平面图像扫描到计算机中,转换成数字图像格式存储。不同的扫描仪使用不同的扫描软件,但是扫描的基本步骤大同小异。

2.3 图像处理软件 Photoshop CS6

2.3.1 Photoshop CS6 概述

Adobe Photoshop CS6 是由美国 Adobe 公司推出的适用于 Windows 平台的图形图像处理软件,是广告、印刷、出版和 Web 领域首屈一指的图形设计、出版和成像软件。使用 Adobe Photoshop CS6 软件，用户可以设计、出版和制作具有精彩视觉效果的图像文件。

Adobe Photoshop CS6 的几个新增功能如下。

(1) 创新的 3D 绘图与合成：借助全新的光线描摹渲染引擎，可以直接在 3D 模型上绘图，用 2D 图像绕排 3D 形状，将渐变图转换为 3D 对象、为层和文本添加深度、实现打印质量的输出并导出到常见的 3D 格式。

(2) 调整面板：通过各个工具简化图像调整，实现无损调整并增强图像的颜色和色调。新的实时和动态调整面板中还包括图像控件和各种预设。

(3) 3D 对象和属性编辑：在一个没有对话框的简化界面中编辑、增强和处理 3D 图像；调整光照、网格和素材；使用 3D 轴和地平面轻松设置对象方向和放置相机。

(4) 蒙版面板：新的蒙版面板可以快速地创建和编辑蒙版。该面板提供所有编辑蒙版需要的工具，用于创建基于像素和矢量的可编辑蒙版、调整蒙版和羽化、轻松选择非相邻对象等。

(5) 更流畅的遥摄和缩放：使用全新、顺畅的缩放和遥摄，可以轻松定位到图像的任何区域；借助全新的像素网格保持缩放到个别像素时的清晰度并以最高的放大率实现轻松编辑。

1. Adobe Photoshop CS6 的窗口界面

使用"开始"→"所有程序"→"Adobe"→"Adobe Photoshop CS6"菜单命令，启动 Adobe Photoshop CS6，进入 Adobe Photoshop CS6 的窗口界面，如图 2-8 所示。

Adobe Photoshop CS6 的窗口由以下几个部分组成。

(1) 菜单栏：共有 10 组菜单命令，分别对应了 Adobe Photoshop CS6 的各个操作命令。只要将鼠标指针移动到主菜单名上单击，即可弹出下拉菜单，其中包含了当前所选菜单中的所有命令。许多菜单还有二级菜单。如果菜单项呈现暗灰色，说明该菜单命令在当前编辑状态下不可用，菜单项后面的省略号"…"表示单击该菜单命令将会弹出一个对话框，菜单项后面的黑三角符号"▲"表示该菜单项还有子菜单。如果菜单项后面有快捷键提示，则可以直接使用键盘上的快捷键使用该菜单命令。熟练地使用快捷键，能减少操作过程中鼠标的移动和单击次数，大大提高工作效率。

(2) 工具栏：图 2-9 是 Photoshop CS6 的工具栏，共有 22 个工具组 60 个工具，包括选择工具、绘图工具、颜色设置工具等，可以用来选择、绘制和编辑图像等。鼠标指针悬停在某个工具按钮上时，系统自动出现该工具的名字和快捷键。单击某个工具，就选择了该工具，即可使用该工具。如果某个工具图标右下角有一个黑色小三角符号，表示该工具里隐藏着其他工具，用鼠标右击右下角有黑色小三角的工具组时，会自动弹出该工具组中所有工具以供选择。

图 2-8　Photoshop CS6 工作界面　　　　图 2-9　工具栏

（3）属性栏：位于菜单栏下方，用于设置各个工具的参数。当选用不同的工具时，属性栏中相对应工具的属性项目也会发生相应变化。图 2-10 是"画笔工具"的属性栏。

图 2-10　"画笔工具"的属性栏

（4）面板：面板可以完成各种图像处理操作和工具参数的设置，如图层编辑、取消操作等。面板可在"窗口"菜单中选择是否显示。可以通过鼠标拖动面板的标题栏移动面板在窗口中的位置，还可以对面板进行编组、链接或停放等操作。如图 2-11 所示的面板是颜色、色板、导航器、直方图面板。

图 2-11　导航器面板

（5）图像窗口：显示正在编辑的图像文件，是编辑和显示图像的区域。

2. Adobe Photoshop CS6 的基本操作

Adobe Photoshop CS6 的基本操作包括文件操作、设置图像显示比例、设置前景色和背景色、恢复操作等。

(1) 文件操作。

文件操作包括新建文件、打开文件、存储文件等。下面详细介绍文件的操作方法。

◆ 新建文件：使用"文件"→"新建"菜单命令，或按"Ctrl+N"快捷键，打开如图 2-12 所示的"新建"对话框，在对话框中输入新建文件的名称、设置图像文件的大小、图像的分辨率、图像的颜色模式和背景内容等选项，然后单击"确定"按钮，即新建一个空白的图像文件。

图 2-12 "新建"对话框

◆ 打开文件：使用"文件"→"打开"菜单命令，或按"Ctrl+O"快捷键，或用鼠标双击应用程序窗口中的灰色区域，都可以打开如图 2-13 所示的"打开"对话框，选择需要打开的图像文件，单击"打开"按钮，即打开选中的图像文件。

图 2-13 "打开"对话框

◆ 存储文件：选择"文件"→"存储"菜单命令，或按"Ctrl+S"快捷键，可以保存对当前文件所做的修改，文件会以原来的格式和文件名存储。如果当前文件是一个新建立而未存储过的文件，此时会弹出如图 2-14 所示的"存储为"对话框，在"保存在"下拉列表中指定图像文件的存储位置，在"文件名"框中输入图像文件的名称，在"格式"下拉列表中选择图像文件的类型，单击"保存"按钮，即保存图像文件。

图 2-14　"存储为"对话框

（2）设置图像显示比例。

选择工具栏中的缩放工具，在图像上单击，可放大图像的显示比例；按住"Alt"键，再单击图像，可缩小图像的显示比例。使用导航器面板，可精确地放大或缩小图像的显示比例。利用导航器面板改变图像显示比例前后的对比图，如图 2-15 和图 2-16 所示。

图 2-15 原图

图 2-16 显示比例为 25% 的导航器面板

(3) 设置前景色和背景色。

◆ 使用拾色器选取颜色:单击工具栏中的"设置前景色(左上)"或"设置背景色(右下)"按钮,均可打开如图 2-17 所示的"拾色器"对话框。单击颜色区或拖动颜色滑竿上的三角滑块来改变当前颜色,也可以在颜色分量输入框中输入具体颜色分量值来选取颜色。当所选的颜色出现溢出时,会显示三角形警告标志,即该颜色不能被打印。

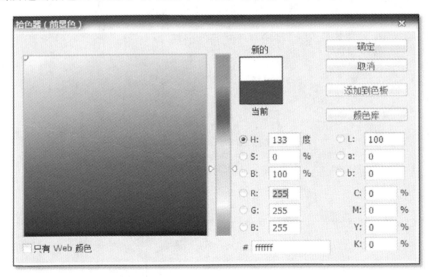

图 2-17 "拾色器"对话框

◆ 使用吸管工具选取颜色:选中工具栏中的吸管工具,在图像上单击鼠标,即把当前取样点或取样点周围颜色的平均颜色设置为当前的前景色。

◆ 使用颜色面板选取颜色:使用"窗口"→"颜色"菜单命令,打开如图 2-18 所示的颜色面板。拖动颜色滑竿上的三角滑块或在颜色分量输入框中输入具体颜色分量值来设置前景色颜色。当所选的颜色出现溢出时,会显示三角形警告标志,即该颜色不能被打印。

图 2-18　颜色面板

◆ 使用色板面板选取颜色:使用"窗口"→"色板"菜单命令,打开如图 2-19 所示的色板面板。使用色板面板可快速选取颜色,直接选择色板面板中的颜色方块,即可把色块的颜色设置为前景色,若同时按下"Ctrl"键,则可设置背景色。还可将鼠标移至色块末尾空白处,当鼠标指针变为油漆桶状时,单击鼠标打开"色板名称"对话框,为当前前景色取个名称,即可将当前前景色作为色块添加到色板面板中;按住"Alt"键,单击某色块,则可删除该色块。

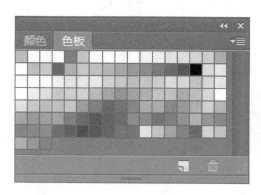

图 2-19　色板面板

(4) 恢复操作。

使用"窗口"→"历史记录"菜单命令,打开如图 2-20 所示的历史记录面板。历史记录面板中记录了最近的若干次操作,只要选中历史记录面板中的任一步骤,即可将图像恢复到此状态。也可使用"Ctrl+Z"快捷键恢复到上一状态。

图 2-20　历史记录面板

2.3.2　选区的建立和编辑

在使用 Adobe Photoshop CS6 对图像进行处理时,为了使编辑操作只针对某一特定区域进行,通常先把这个区域建立成一个选区,使编辑操作只在选区内起作用,而对选区之外的区域无任何影响。建立合适的选区是图像处理的首要任务。

选区可根据其形状分为规则选区和不规则选区。

建立选区的工具有选框工具、套索工具、魔棒工具、快速蒙版工具和选择命令,如图 2-21 所示。其中选框工具主要用来建立规则选区。而其余工具主要适用于不规则选区的建立。

 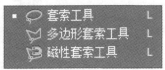 

图 2-21　建立选区的工具

1. 利用选框工具建立规则选区

打开需要建立选区的图像,选择选框工具组中的矩形选框工具 ▣,将鼠标指向图像中需要建立选区区域的左上角,按下鼠标左键,拖动鼠标到该区域的右下角,松开鼠标,此时该区域的四周出现一个矩形虚线框,表示已建立了一个矩形选区,如图 2-22 所示。

2. 利用套索工具建立不规则选区

打开需要建立选区的图像文件,选择套索工具组中的磁性套索工具 ▣,将鼠标指向图像中需要建立选区的起点,按下鼠标左键,沿着要建立选区区域的图像边缘拖动鼠标,

图 2-22　矩形选区

直到起点和终点重合,再松开鼠标左键,此时该区域的四周出现一个虚线框,表示已经建立了一个不规则的选区,如图 2-23 所示。

图 2-23　不规则选区

3. 利用魔棒工具建立不规则选区

魔棒工具的特性是根据指定的颜色范围选择连续或者分散的颜色相同或相近选区。建立选区的方法:打开需要建立选区的图像文件,选择魔棒工具,设置魔棒工具属性栏中的"容差"值,容差越大,选择的颜色范围也就越大,在需要选择的颜色背景上单击鼠标,即可建立该颜色的选区,如图 2-24 所示。

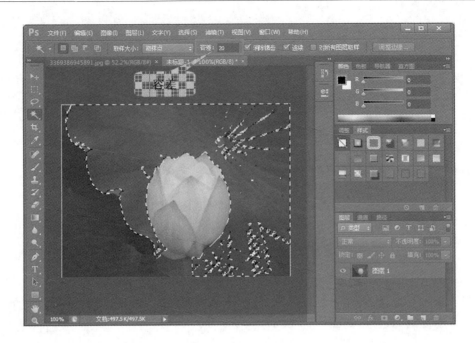

图 2-24 颜色选区

4．编辑选区

建立选区后，可能因为后期处理的需要，需要对初步建立的选区进行选区的编辑操作，以建立更精确的选区。

常用的选择选区命令如下。

"全选"命令：使用"选择"→"全选"菜单命令，或按"Ctrl+A"快捷键，选中整个图像。

"取消选区"命令：使用"选择"→"取消"菜单命令，或按"Ctrl+D"快捷键，取消已经建立的选区。

"重新选择"命令：使用"选择"→"重新选择"菜单命令，或按"Shift+Ctrl+D"快捷键，恢复上一步由"取消选区"命令取消的选区。

"反选"命令：使用"选择"→"反向"菜单命令，或按"Shift+Ctrl+I"快捷键，把原来的选区变为非选区，把原来的非选区变为选区，即实现反向选择选区。

"色彩范围"命令：使用"选择"→"色彩范围"菜单命令，打开如图 2-26 所示的"色彩范围"对话框。在如图 2-25 所示的图像上用鼠标单击花瓣，选择花瓣的颜色，即可根据选中的色彩快速选取图像中颜色相同或相似的区域，在"色彩范围"对话框中能清楚地看到所建选区的形状。"颜色容差"可调整选区的大小，"吸管工具"可建立新选区，"添加到取样"可增加选区，"从取样中减去"可减少选区。

常用的修改选区命令如下。

图 2-25 色彩选区原图

图 2-26 "色彩范围"对话框

"边界"命令:使用"选择"→"修改"→"边界"菜单命令,可以在原来选区的边缘扩展出一个边界选区,如图 2-27 和图 2-28 所示,该命令一般用来给图像边缘增加一个轮廓线。

图 2-27 原始选区

图 2-28 应用"边界"效果选区

"平滑"命令:使用"选择"→"修改"→"平滑"菜单命令,根据输入的数据值,使矩形选区的 4 个直角变成圆角,如图 2-29 和图 2-30 所示,但是边缘并不会产生过渡效果,这是有别于"羽化"效果的一个显著特征。

图 2-29 平滑前矩形选区

图 2-30 平滑后矩形选区

"扩展"命令:使用"选择"→"修改"→"扩展"菜单命令,根据输入的数据值,扩大选区的范围,如图2-31和图2-32所示。

图2-31 扩展前选区　　　　　　　　　图2-32 扩展后选区

"收缩"命令:使用"选择"→"修改"→"收缩"菜单命令,与"扩展"命令功能相反,其功能是根据输入的数据值,收缩选区的范围,如图2-33和图2-34所示。

图2-33 收缩前选区　　　　　　　　　图2-34 收缩后选区

"羽化"命令:羽化主要是针对选区的,是最常用到的命令之一。设置选区的羽化有以下两层含义。

(1) 圆滑含义:对矩形选框工具的选区设定羽化,则选区的四角及边缘会变圆滑,且羽化值越大,边缘越圆滑,对其他选框、套索类或魔棒工具设置的选区也一样。

(2) 模糊含义:设置了羽化功能后,当对选区进行填色、清除、移动、剪切或复制等操作时,选区的边界会产生柔和的过渡效果,从而避免图像之间的衔接过于生硬的现象。羽化值的取值范围为0~250像素。

设置选区羽化值的方法一:先选择选区工具,然后在选区工具属性栏的"羽化"属性框中输入数值,即设定选区的羽化功能,再建立选区,此时所建立的选区即具有羽化效果。

设置选区羽化值的方法二:先选择选区工具,建立选区,然后使用"选择"→"修改"→

"羽化"菜单命令,或右击选区→"羽化"命令,打开如图 2-35 所示的"羽化选区"对话框,在"羽化半径"栏中输入羽化值。原图、羽化前后对比图如图 2-36、图 2-37 和图 2-38 所示。

图 2-35 "羽化选区"对话框

图 2-36 羽化原图

图 2-37 未羽化的选区

图 2-38 羽化值为 30 的选区

5. 移动选区

在图像中建立好选区后,如果选区的位置不符合要求,可以移动选区。将鼠标指针移到选区内,鼠标指针变为"移动选区"状态,拖动鼠标至另一位置,选区将随之移动到该位置。

6. 变换选区

在图像中建立好选区后,如果选区的大小或形状不符合要求,可以变换选区。建立选区后,使用"选择"→"变换选区"菜单命令,出现选区变形框,即可拖动选区变形框上的控制点对选区进行变形。

2.3.3 图像的编辑

1. 调整图像尺寸

图像的大小很多时候不符合设计的需要,需要进行图像尺寸的调整。Adobe Photoshop CS6 可以精确调整图像的尺寸。

调整方法:打开要调整尺寸的图像文件,使用"图像"→"图像大小"菜单命令,打开如图 2-39 所示的"图像大小"对话框,选择"约束比例"选项,使图像的高度与宽度等比例缩放,保障图像在调整大小的时候不变形,在"像素大小"栏的"宽度"和"高度"框中输入合适的数值,单击"确定"按钮,完成图像大小的调整。

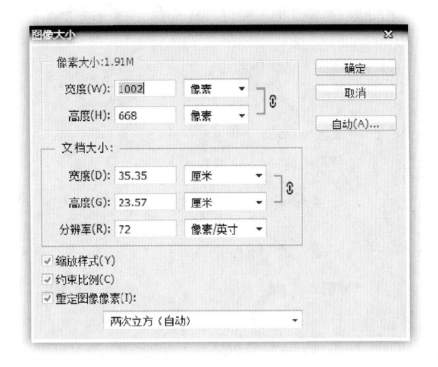

图 2-39 "图像大小"对话框

2. 调整画布尺寸

一幅图像可以看成是由一幅空白背景的画布和表层上面的图像组成的。默认情况下,画布和图像的大小是相同的。改变画布大小时,新画布的大小可以大于图像的尺寸,也可以小于图像的尺寸。如果新画布大于图像的尺寸,则多余的区域显示空白的画布;如果新画布小于图像的尺寸,图像就会被裁剪以适应新画布的大小。

调整方法:打开要调整画布尺寸的图像文件,使用"图像"→"画布大小"菜单命令,打开如图 2-40 所示的"画布大小"对话框,在"新建大小"选项的"宽度"和"高度"框中输入合适的数值,单击"确定"按钮,完成画布大小的调整。

3. 裁剪图像

裁剪的作用是剪去图像中多余的部分,以突出或加强构图效果。选择工具栏中的裁剪工具,图像上即出现方形裁剪框,可用鼠标拖动裁剪框控制点,调整裁剪区大小,最后按"Enter"键即可。裁剪区和裁剪效果如图 2-41 和图 2-42 所示。

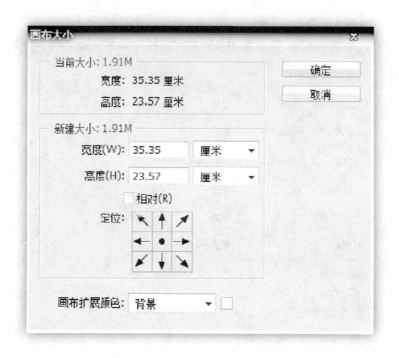

图 2-40 "画布大小"对话框

图 2-41 裁剪区

图 2-42 裁剪效果

4. 移动和复制图像

　　首先选中需要移动或复制的图像区域,然后单击工具栏中的移动工具 ,最后用鼠标将选中图像区域拖动到目标位置,即可移动图像,效果如图 2-43 所示。如果用鼠标将选中图像区域拖动到目标位置的同时按住"Alt"键,则实现复制图像,效果如图 2-44 所示。

图 2-43 移动图像

图 2-44　复制图像

还可以使用以下方法,实现图像的移动和复制。

(1) 选中需要移动或复制的图像区域。

(2) 使用"编辑"→"剪切/拷贝"菜单命令,或按"Ctrl+X/C"快捷键,其中,"剪切"是将选区中的图像移动到剪贴板中,选区中则填入当前背景色,"拷贝"是将选区中的图像复制到剪贴板中,选区中图像不受影响。

(3) 使用"编辑"→"粘贴"菜单命令,或按"Ctrl+V"快捷键,即可将剪贴板中的图像粘贴到当前图像中。若先打开目标图像,再使用"粘贴"命令,则可将剪贴板中的图像粘贴到目标图像中。

5．删除图像

先用选区工具建立一个选区,然后使用"编辑"→"清除"菜单命令,或按"Delete"键,删除选区中的图像,选区以背景色填充。

6．变换图像

图像的变换是指对图像中的选区进行大小缩放、旋转、斜切、扭曲、透视、水平翻转与垂直翻转等变换操作。

图像变换操作方法:打开需要进行变换操作的图像文件,选中需要变换的图像部分,使用"编辑"→"自由变换"或"编辑"→"变换"→"缩放/旋转/斜切/……"菜单命令,选区四周出现 8 个控制点,如图 2-45 所示,使用鼠标拖动不同的控制点,即可对图像进行缩放大小、旋转、水平翻转等操作,当调整到合适变换效果后,按"Enter"键确认变换操作,效果如图 2-46 所示。若按"Esc"键,则取消变换操作。

图 2-45　变换前图像

图 2-46　变换后图像

2.3.4　基本绘图工具

1. 画笔工具

画笔是一种重要的绘画和编辑工具,Photoshop 提供了各种形状的画笔,尤其是画笔的动态效果和自定义画笔功能,能够满足各种绘制的需要。

(1) 画笔。

在工具栏中选中画笔工具 ,打开如图 2-47 所示的"画笔工具"属性栏,可以设置其形状、模式、不透明度、流量等。"模式"设置所绘图像与当前图像像素的混合形式;"不透明度"设置所绘颜色不透明的程度,如果此值为 50%,则所绘颜色为半透明状;"流量"控制所绘颜色的浓度。

图 2-47　"画笔工具"属性栏

(2) 画笔的形状。

单击"画笔工具"属性栏上的"切换画笔面板"按钮 ,打开如图 2-48 所示的画笔面板。其中,"画笔预设"用于打开画笔预设面板;"画笔笔尖形状"用于设置画笔的动态形状、散布、纹理、动态颜色等;中间的"画笔笔尖形状"列表框提供了多种画笔形状;"大小"设定画笔直径的大小,其值在 0~999 之间;"角度"设定画笔与横轴间的夹角;"圆度"设定画笔接近于圆的程度,100% 为圆形;"硬度"设定画笔边沿的扩散效果,"硬度"值越低,画笔边沿的扩散效果越强;"间距"设定笔尖触点之间的距离。

使用方法:在画笔面板的"画笔笔尖形状"列表框中选择一种画笔笔尖形状,设置其大小、圆度、角度、硬度、间距等参数,然后在图像上单击或拖曳鼠标即可绘制出所选形状。

例如：选择如图 2-49 所示的"Star"画笔笔尖，在如图 2-50 所示的原图上单击鼠标（单击一次绘制一条星光），绘制如图 2-51 所示的星光效果。

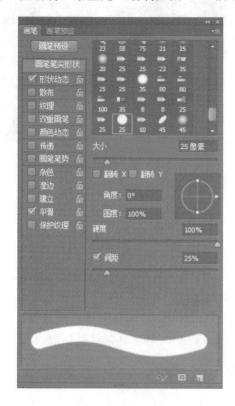

图 2-48　画笔面板

图 2-49　"Star"画笔笔尖面板

图 2-50　"星光"原图

图 2-51　星光效果图

（3）动态画笔。

画笔的动态效果有"形状动态"、"散布"、"颜色动态"等参数。使用方法：在画笔面板的"画笔笔尖形状"列表框中选择一种画笔笔尖形状（如沙丘草 Dune Grass），设置形状动态、散布、颜色动态及大小、圆度、角度、硬度、间距等参数，然后单击或拖曳鼠标即可。图 2-52 所示是非动态沙丘草效果，图 2-53 所示是动态沙丘草效果。

图 2-52　非动态沙丘草效果图

图 2-53　动态沙丘草效果图

(4) 自定义画笔。

可以根据需要,将任意图像定义为画笔。

使用方法:

◆ 建立选区,如图 中蝴蝶区域。

◆ 使用"编辑"→"定义画笔预设"菜单命令,打开如图 2-54 所示的"画笔名称"对话框,给新定义的画笔取名(本例中取名"蝴蝶"),单击"确定"按钮,完成新画笔定义。

图 2-54 "画笔名称"对话框

◆ 在工具栏中选中画笔工具 ,在画笔列表框中选择新定义的画笔,即可在图像上绘画。

(5) 管理画笔。

在 Photoshop CS6 中,可以用"复位画笔"菜单命令清除当前所定义的画笔,并恢复到系统默认的画笔设置。"载入画笔"可以把外部的画笔载入到系统的画笔库中。"存储画笔"可以存储当前用户使用的画笔属性及参数,并以文件的形式保存在用户指定的文件夹中,还可以载入其他计算机使用。此外,Photoshop CS6 还可以把多种类型的画笔追加到画笔列表中。

操作方法:单击"画笔"属性栏上的"画笔预设选取器"按钮 ,打开如图 2-55 所示的画笔预设选取器,单击按钮 ,弹出如图 2-56 所示的"画笔"菜单,管理画笔的菜单命令均在此菜单上。

图 2-55 画笔预设选取器

图 2-56 "画笔"菜单

2．铅笔工具

铅笔工具是作图中非常有用的工具，利用铅笔工具可以绘制一些非常漂亮的线状纹理，可以绘制像素画，可以绘制图形、可以绘制路径等。

在工具栏中选中铅笔工具，打开如图 2-57 所示的"铅笔工具"属性栏，设置铅笔形状、模式、不透明度的方法与画笔工具相同。使用铅笔工具的方法也与画笔工具相同，此处不再赘述。

图 2-57 "铅笔工具"属性栏

3．历史记录画笔工具

历史记录画笔工具用于恢复历史记录。历史记录画笔工具有点像后悔药，可以把做错的步骤，一点一点地恢复回来，经常用于给黑白图片上色的操作。

使用方法：切换到已被修改且需要恢复的图像窗口，在工具栏中选中历史记录画笔工具 ，打开如图 2-58 所示的"历史记录画笔工具"属性栏，参照"画笔工具"属性栏的设置，设置历史记录画笔的形状、模式、不透明度、流量等属性，设置好属性后在图像中被修改的区域内拖动鼠标恢复图像。

图 2-58　"历史记录画笔工具"属性栏

历史记录画笔工具常常需要配合如图 2-59 所示的历史记录面板使用。直接单击选中历史记录面板中的某个步骤，即可将图像恢复到此步骤状态，非常简便。

图 2-59　历史记录面板

4. 油漆桶工具

油漆桶工具是在一定的色差范围内用前景色或图案进行图像或选区的填充。

在工具栏中选中油漆桶工具 ，打开如图 2-60 所示的"油漆桶工具"属性栏。

图 2-60　"油漆桶工具"属性栏

在"油漆桶工具"属性栏中，"填充"下拉列表用于设置填充内容是前景色或是图案；"模式"用于设置填充色的混合方式；"不透明度"用于设置填充色不透明的程度；"容差"用于设置色差程度，容差值越大，填充的范围越大，反之越小；"所有图层"用于设置填充的对象是所有图层或是当前图层；选中"连续的"复选框，只填充连续的区域。设置好属性后在图像上或选区内单击鼠标进行填充。

5. 渐变工具

渐变工具是对图像或选区进行多种颜色逐渐过渡的填充。

在工具栏中选中渐变工具 ■，打开如图 2-61 所示的"渐变工具"属性栏。在"渐变工具"属性栏中设置其属性："模式"用于设置渐变颜色的混合方式；"不透明度"用于设置渐变颜色不透明的程度；"反向"用于设置反方向渐变填充。设置好属性后在图像上或选区内拖动鼠标进行填充。

图 2-61 "渐变工具"属性栏

也可以从渐变编辑器中选取"自定义渐变效果"后，再在图像上或选区内进行填充。在"渐变工具"属性栏中，单击"渐变编辑器"按钮 的长条形区域，打开如图 2-62 所示的"渐变编辑器"对话框。其中，颜色长条称为渐变条，其上的小块叫做色标。选中某一色标后，在"色标"区，单击"颜色"后的矩形框，打开如图 2-63 所示的"拾色器"对话框，设置该色标的颜色；还可以在"位置"框中输入数值，指定该色标的位置。

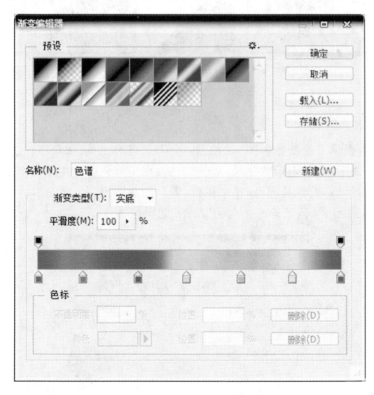

图 2-62 "渐变编辑器"对话框

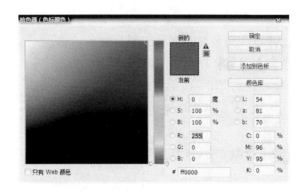

图 2-63 "拾色器(色标颜色)"对话框

在"渐变工具"属性栏中,按钮组 用于设置渐变类型,分别是线性渐变、径向渐变、角度渐变、对称渐变、菱形渐变。渐变效果如图 2-64 所示。

图 2-64　5 种类型的渐变效果

6. 图形工具

图形工具组提供了绘制各种图形的工具,分别是矩形工具、圆角矩形工具、椭圆工具、多边形工具、直线工具、自定形状工具。使用方法:在工具栏中选中某个图形工具,即打开该工具的相应属性栏,设置其属性,拖动鼠标,即可绘制图形。

例 2.1　参照图 2-65,新建一个名为"绘图"的图像文件。

图 2-65　绘图"新建"对话框

在工具栏中选中矩形工具 ▣,打开如图2-66所示的"矩形工具"属性栏。

图2-66 "矩形工具"属性栏

在属性栏中设置工具的属性:在"工具模式"下拉列表中选择绘图工具的模式;单击"填充"后的颜色块,打开拾色器,选择填充颜色;单击"描边"后的颜色块,打开拾色器,选择边框颜色;在"边框大小"框中设置边框的大小;在"边框选项"中选择边框的线形。

设置好属性后在图像窗口中拖动鼠标,即可绘制矩形。可以使用相同的方法绘制其他图形,还可以使用自定形状工具,打开如图2-67所示的"自定形状工具"属性栏,在"形状"下拉列表中选择一种形状,设置其他属性后,在图像窗口中拖动鼠标即可绘制所选形状。各种形状的绘制效果如图2-68所示。

图2-67 "自定形状工具"属性栏

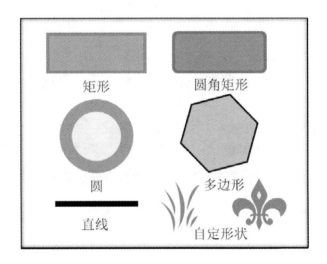

图2-68 各种形状效果图

图2-68中的文字是用文字工具输入的。在工具栏中选中横排文字工具 T,打开如图2-69所示的"横排文字工具"属性栏。设置好字体、字号、字形、文本颜色等属性,在图像窗口单击鼠标,即可在光标位置输入文本,按"Ctrl+Enter"快捷键结束输入。

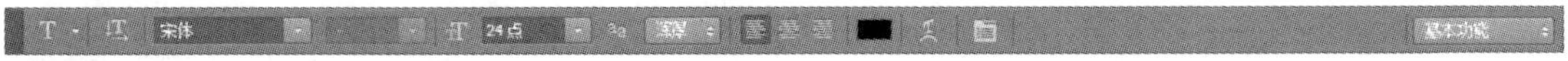

图2-69 "横排文字工具"属性栏

还可以再次选中文字,单击"文字工具"属性栏上的变形文字按钮![],打开如图2-70所示的"变形文字"对话框,在"样式"下拉列表中选择所需的文字样式,拖动"弯曲"和"扭曲"滑块,改变文字的弯曲和扭曲度。

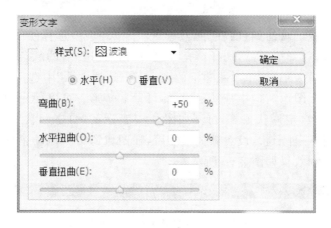

图 2-70 "文字变形"对话框

7. 橡皮擦工具

橡皮擦工具顾名思义就是用来擦除图像的。

在工具栏中选中橡皮擦工具![],打开如图2-71所示的"橡皮擦工具"属性栏。设置属性,在图像上拖动鼠标,即可擦除图像。其中,"模式"选项的"画笔"用于设置柔边擦除效果,"铅笔"用于设置硬边擦除效果,"块"用于设置块状擦除效果;"不透明度"用于设置橡皮擦不透明的程度,值越大擦除得越干净;"流量"用于设置擦除的程度。

图 2-71 "橡皮擦工具"属性栏

2.3.5 图像的修复

1. 污点修复画笔工具

污点修复画笔用于去除图像中的污点。使用方法:先选择工具栏中污点修复画笔工具![],打开如图2-72所示的属性栏。其中,"模式"用于设置颜色的混合方式,"类型"用于设置修复方法,"对所有图层取样"可以从所有可见层中提取数据。设置好属性后,直接单击污点处即可,Photoshop能分析污点及其周围图像的颜色、明暗、纹理等,进行自动采样与复制。

图 2-72 "污点修复画笔工具"属性栏

2. 修复画笔工具

修复画笔工具用于将取样点处的图像填充到目标处。使用方法：先选择工具栏中修复画笔工具 ，打开如图 2-73 所示的属性栏，选中"对齐"复选框，取样点将随目标的移动而变化，否则取样点保持不变。然后取样(按住"Alt"键，单击鼠标)。最后在需要修复的地方拖曳鼠标，它把取样像素和目标像素的颜色、明暗、纹理进行自动匹配和融合，达到修复效果。图 2-74 是带污点的图像，图 2-75 是综合应用污点修复画笔工具和修复画笔工具修复的效果图。

图 2-73 "修复画笔工具"属性栏

图 2-74 带污点原图　　　　　　图 2-75 污点修复效果图

3. 修补工具

修补工具可以用其他区域的图像来修复选区内的图像，通过把源像素和目标像素的颜色、明暗、纹理进行自动匹配和融合，达到修补的作用。使用方法：先选择工具栏中的修补工具 ，打开如图 2-76 所示的属性栏。其中， 用于设置选区运算(新选区、相加、相减、交叉)；选中"源"单选按钮，将用当前选区中的图像填充原来的选区；选中"目标"单选按钮，则将原来选区中的内容复制到目标区。然后在原图中拖动鼠标选中需要修补的图像区域，如图 2-77 所示。再将光标移到选区内，向目标区域拖动选区。最后放开鼠标，目标区域的像素自然混合到原选区，完成修补，效果如图 2-78 所示。

图 2-76 "修补工具"属性栏

图 2-77 修补选区

图 2-78 修补效果图

4. 红眼工具

红眼工具用于去除人物照片中的红眼。使用方法：选中工具栏中红眼工具 ，然后在人物红眼处单击鼠标即可。

5. 图章工具

图章工具组包括仿制图章工具和图案图章工具,主要用于复制图像。图案图章工具是以预先定义好的图案为对象进行复制,而仿制图章工具是以取样点为对象进行复制,并且还可以用于修复图像,使用方法与修复画笔工具相似。

下面介绍用仿制图章工具复制图像的方法。

首先选中工具栏中的仿制图章工具  ,打开如图 2-79 所示的属性栏,设置属性。然后取样(将光标移到取样点,按住"Alt"键,当光标变成"⊕"时,单击鼠标后松开"Alt"键)。最后在图像目标位置连续拖动鼠标开始复制图像,"+"字形表示当前正在被复制的位置。图2-80是原图,图 2-81 是仿制图章复制效果图。

图 2-79 "仿制图章工具"属性栏

图 2-80 仿制图章原图

图 2-81 应用仿制图章效果图

备注:仿制图章工具复制图像时,既可以从本图像中取样复制到任意新位置,也可以从一幅图像中取样复制到另一幅图像中,但这两幅图像的颜色模式必须相同,否则不能完成复制。

6. 模糊工具

模糊工具可柔化图像中的硬边或区域以减少细节,使僵硬的边界变得柔和,颜色过渡变得平缓。使用方法:先选中工具栏中的模糊工具 ,打开如图 2-82 所示的属性栏,设置好属性后,直接在图像中拖动鼠标即可。

图 2-82 "模糊工具"属性栏

7. 锐化工具

锐化工具可增强对比，提高清晰度或聚焦程度。使用方法：先选中工具栏中的锐化工具 ▲，打开如图 2-83 所示的属性栏，设置好属性后，直接在图像中拖动鼠标即可。

图 2-83 "锐化工具"属性栏

8. 涂抹工具

涂抹工具可模拟在湿颜料中拖移手指的动作。该工具自动拾取描边开始位置的颜色，沿拖移的方向展开这种颜色。使用方法：先选中工具栏中的涂抹工具 ，打开如图 2-84 所示的属性栏，设置属性后，直接在图像中拖动鼠标即可。选中"手指绘画"复选框，可以使用前景色进行涂抹，如同用手指蘸色绘画一样，否则，使用起点处的颜色进行涂抹。图 2-85 是原图，图 2-86 是涂抹效果图。

图 2-84 "涂抹工具"属性栏

图 2-85 涂抹原图

图 2-86 涂抹效果图

9. 减淡工具

减淡工具和加深工具都属于色调工具,采用了用于调节照片特定区域的曝光度的传统摄影技术,可用于使图像区域变亮或变暗。

减淡工具可以加亮图像的局部,达到强调或突出表现的目的。使用方法:先选中工具栏中的减淡工具,打开如图2-87所示的属性栏,设置好属性后,直接在图像中拖动鼠标即可。

图2-87 "减淡工具"属性栏

10. 加深工具

加深工具可以加深图像,使图像变暗。使用方法:先选中工具栏中的加深工具,打开如图2-88所示的属性栏,设置好属性后,直接在图像中拖动鼠标即可。

图2-88 "加深工具"属性栏

11. 海绵工具

海绵工具能精细地改变某一区域的色彩饱和度,但对黑白图像处理的效果不是很明显。在灰度模式中,海绵工具通过将灰色色阶远离或移到中灰来增加或降低对比度。使用方法:先选中工具栏中的海绵工具,打开如图2-89所示的属性栏,在海绵工具的属性栏中,设置"模式"为"降低饱和度"可以降低颜色的饱和度,而设置为"饱和"则可以增加颜色的饱和度。

图2-89 "海绵工具"属性栏

2.3.6 图像的色彩调整

Adobe Photoshop CS6提供色彩调整功能,这一功能可以改变图像的颜色、色彩的明暗度、分解色调、为黑白照片上色、加强模糊照片的对比度和修复旧照片等。

1. 使用色阶工具调整

图像看起来发灰、色彩黯淡,其主要原因是图像色彩的明暗分布对比不足,而图像色彩的明暗分布信息主要保存在图像色阶中,所以通过调整图像色阶来重新分布图像色彩的明暗色调,从而使图像更清晰、自然。调整图像的色阶有两种方法:"自动色阶"命令和"色阶"命令。

"色阶"命令和"自动色阶"命令的原理一样,但"色阶"命令可以自己控制调整的参数,控制图像变亮或变暗的程度,也可以针对单一颜色通道的明度进行调整。使用"图像"→"调整"→"色阶"菜单命令,打开如图 2-90 所示的"色阶"对话框。

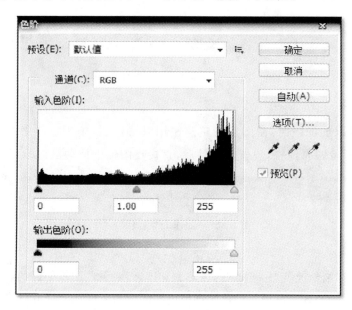

图 2-90 "色阶"对话框

使用"色阶"对话框调整图像的 3 种方法如下。
(1)拖动"输入色阶"直方图或"输出色阶"控制条中的滑块。
(2)直接在"输入色阶"或"输出色阶"的文本框中输入参数值。
(3)使用"选项"下面的吸管工具吸取图像中的某一色彩值作为调整的参考值。

使用"色阶"对话框调整色阶的操作要点如下。
(1)拖动"输入色阶"直方图中的滑块,其作用是增加图像的对比度。白色滑块向左拖动,增加图像的亮度,图像整体变亮;黑色滑块向右拖动,增加图像的暗调,图像整体变暗。
(2)拖动"输出色阶"控制条中的滑块,其作用是降低图像的对比度。白色滑块向左拖动,降低图像亮调的对比度,图像整体变暗;黑色滑块向右拖动,降低图像暗调的对比度,图像整体变亮。
(3)使用吸管工具单击图像。白色吸管定义图像的白场,图像整体变亮;黑色吸管定义图像的黑场,图像整体变暗;灰色吸管定义灰场,去除图像中单击位置的颜色,从而取消图像的偏色。

打开如图 2-91 所示的图像,图像偏暗,使用色阶调整白场和黑场,对比度增强,图像更加清晰,效果如图 2-92 所示。

图 2-91　色阶原图

图 2-92　调整色阶效果图

2. 使用曲线工具调整

曲线工具不仅可以调整图像整体的色调,而且可以精确地分别控制图像中多个色调区域的明暗度及色调。使用"图像"→"调整"→"曲线"菜单命令,打开如图 2-93 所示的"曲线"对话框。

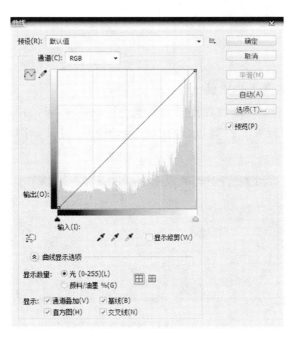

图 2-93　"曲线"对话框

使用"曲线"对话框调整图像色调的3种方法如下。

(1) 在"曲线"对话框中拖动曲线,向上拖动增加图像的亮度,向下拖动降低图像的亮度。

(2) 在曲线上单击鼠标增加调节节点,然后拖动节点,可以更精确地调整图像的色调。当不需要某调节节点时,按住"Ctrl"键,单击该节点,即可删除该节点。

(3) 使用"曲线"对话框中的铅笔工具自由地绘制曲线形状,绘制的曲线形状越不规则,图像色彩变化就越强烈。使用"平滑"按钮来绘制平滑的曲线,使图像色彩的变化平滑过渡。

打开如图2-94所示的图像,图像偏暗,使用曲线工具增加亮度,图像变亮,效果如图2-95所示。

图2-94 曲线原图

图2-95 调整曲线效果图

3. 使用亮度/对比度工具调整

当图像的对比度不太明显或者需要对亮度进行调整时,可以使用亮度/对比度工具来实现。使用"图像"→"调整"→"亮度/对比度"菜单命令,打开如图2-96所示的"亮度/对比度"对话框。

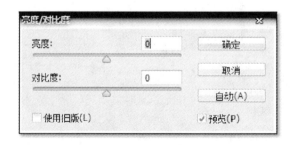
图2-96 "亮度/对比度"对话框

"亮度/对比度"对话框中各参数的含义如下。

(1) "亮度"选项:用于调整图像的亮度。"亮度"选项默认值为0,当"亮度"值为正值时,其作用是增加图像的亮度;"亮度"值为负值时,其作用是降低图像的亮度。

(2)"对比度"选项:用于调整图像的对比度。"对比度"选项默认值为 0,当"对比度"值为正值时,其作用是增加图像的对比度;"对比度"值为负值时,其作用是降低图像的对比度。

打开如图 2-97 所示的图像,图像偏暗,使用亮度/对比度工具调整图像亮度和对比度,图像变亮,对比强烈,效果如图 2-98 所示。

图 2-97 "亮度/对比度"原图　　　　图 2-98 调整"亮度/对比度"效果图

4. 使用色相/饱和度工具调整

当图像色彩比较灰暗、色彩饱和度不够强烈、层次感比较差时,使用色相/饱和度工具来增强图像的饱和度和层次感。色相/饱和度工具不仅可以针对整个图像进行调整,也可以针对图像中的某一色彩进行单一调整。使用"图像"→"调整"→"色相/饱和度"菜单命令,打开如图 2-99 所示的"色相/饱和度"对话框。

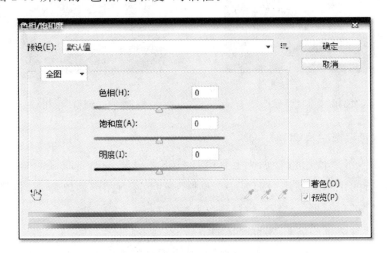

图 2-99 "色相/饱和度"对话框

"色相/饱和度"对话框中各参数的含义如下。

（1）"色相"选项：拖动滑块左右移动或在文本框中输入数值都可以调整颜色的色相。文本框中与之相对应的数值代表在色轮上沿着色轮从像素的原始颜色起始旋转到所需颜色时的度数。顺时针旋转时，该数值为正；逆时针旋转时，该数值为负。

（2）"饱和度"选项：拖动滑块左右移动或在文本框中输入数值都可以调整颜色的饱和度。滑块向左拖动时，文本框内的数值为负，降低颜色的饱和度；滑块向右移动时，文本框内的数值为正，增加颜色的饱和度。

（3）"明度"选项：拖动滑块左右移动或在文本框中输入数值都可以调整颜色的明度。滑块向左拖动时，文本框内的数值为负，降低颜色的亮度；滑块向右移动时，文本框内的数值为正，增加颜色的亮度。

（4）编辑范围如果选择全图，整个图像中所有色彩的色相、饱和度和亮度都同时发生改变；编辑范围如果选择某种颜色，则图像中只有该颜色的色相、饱和度和亮度发生变化，不对其他颜色产生影响。

打开如图 2-100 所示的图像，使用色相/饱和度工具调整图像色相和饱和度，图像主体颜色发生改变，效果如图 2-101 所示。

图 2-100 "色相/饱和度"原图

图 2-101 调整"色相/饱和度"效果图

5. 使用色彩平衡工具调整

图像偏色时，可以使用色彩平衡工具进行校正。色彩平衡工具还可以在图像原色彩的基础上添加新的色彩。使用"图像"→"调整"→"色彩平衡"菜单命令，打开如图 2-102 所示的"色彩平衡"对话框。

"色彩平衡"对话框中各参数的含义如下。

（1）"色彩平衡"选项里的中间色块左右两边颜色为互补色，向任一方向拖动滑块，增加相应的颜色，减少其相应的互补色。

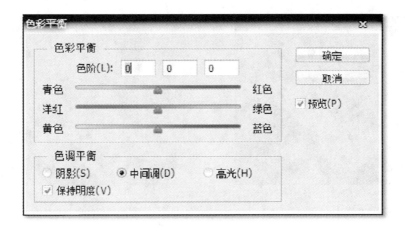

图 2-102 "色彩平衡"对话框

（2）"色调平衡"选项里的"阴影"选项可以调整图像阴影部分的颜色；"中间调"选项可以调整图像中间调的颜色；"高光"选项可以调整图像高亮部分的颜色；"保持明度"选项可以保持图像的亮度。

打开如图 2-103 所示的图像，使用色彩平衡工具调整图像色彩，图像主体颜色发生改变，效果如图 2-104 所示。

图 2-103 "色彩平衡"原图

图 2-104 调整"色彩平衡"效果图

6. 使用去色工具调整

为了特殊的制作需要，有时候需要把彩色图像改变为灰度图像，使用去色工具可以达到这一效果，去色工具可以扔掉图像的色彩信息，使图像变为灰度图像。使用"图像"→"调整"→"去色"菜单命令即可。

打开如图 2-105 所示的图像，使用去色工具调整图像色彩，图像变为灰度图像，效果如图 2-106 所示。

图 2-105　去色原图　　　　　　　　　　　图 2-106　去色效果图

2.3.7　图层的应用

图层是图像处理中应用最为频繁的一个手段,给图像的编辑和合成带来了极大的便利。熟练地掌握和应用图层,能极大地提高图像设计的效率。

1. 图层的概念

图层好像透明的纸张。在 Photoshop 中进行图像处理,就好像在一些透明的纸上画画,每一张透明的纸上有的位置有图像,有的位置没有图像,继续保持透明状态。当人们在这些透明纸上画完图像,并把透明纸叠放在一起,就会看到一幅混合的图像。如果需要更改其中某张透明纸上的图像,只需对该透明纸单独修改,不会对其他透明纸上的图像产生影响。

使用 Adobe Photoshop CS6 进行图像设计或创作,一般把图像的各个组成元素单独放置在不同的图层中,图像的编辑操作是针对单个元素进行的,从而产生更加灵活、巧妙的创意设计。

根据图层的特点和功能进行分类,图层可以分为背景图层、普通图层、填充图层、调整图层、文字图层和形状图层。此外,还可以延伸出几种图层类型:剪切图层组、图层蒙版、图层效果层和智能对象图层。

图层面板如图 2-107 所示,各部分的含义如下。

(1)"色彩混合模式选项":该选项用于设定图层间图像的色彩混合模式,默认为"正常"模式。

(2)"锁定透明像素"按钮:该按钮的功能是保护当前图层的透明区域,不允许对该区域进行任何编辑操作。

(3)"锁定图像像素"按钮:该按钮的功能是锁定当前图层,不允许修改该图层的图像。

(4)"锁定位置"按钮:该按钮的功能是锁定当前图层图像位置,不允许修改该图层上的图像位置。

(5)"全部锁定"按钮:该按钮的功能是将当前图层完全锁定,即对当前图层同时使用上面三种锁定效果。

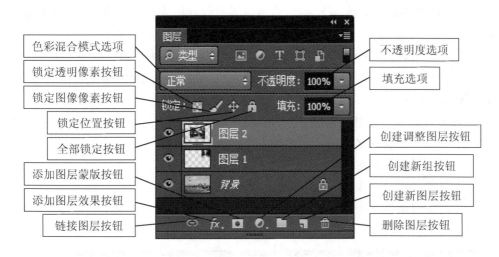

图 2-107　图层面板

(6)"不透明度"选项:该选项用于设定当前图层的透明度,以达到完全显示或者半遮影到完全透明的效果。

(7)"填充"选项:该选项用于设置当前图层的像素填充效果。

(8)"链接图层"按钮:该按钮的功能是为选中的多个图层建立链接。

(9)"添加图层效果"按钮:该按钮的功能是为当前图层设定新的图层样式或者是修改已经设定的图层样式。

(10)"添加图层蒙版"按钮:该按钮的功能是为当前图层添加图层蒙版。

(11)"创建调整图层"按钮:该按钮的功能是为当前图层创建一个新的调整效果图层。

(12)"创建新组"按钮:该按钮的功能是创建一个新的图层组以方便对图层进行管理。

(13)"创建新图层"按钮:该按钮的功能是在当前图层之上创建新的图层。

(14)"删除图层"按钮:该按钮的功能是删除当前图层。

2. 图层的一般操作

在图像处理中,除了建立选区以外,最常见的操作就是对图层进行编辑操作。

(1)复制图层:在图像编辑中,对图像中已经存在的图层进行复制操作,可以建立一个和原图层完全一致的新图层。复制操作可以针对同一图像文件中的所有内容,也可以针对不同图像文件中的所有内容;可以是复制同一图像文件单个图层的内容,也可以是不同图像文件中单个图层的内容;可以是复制同一图像文件单个图层的部分内容,也可以是不同图像文件中单个图层的部分内容。

(2) 移动图层:在图像编辑处理中,会在一个图像中使用到多个图层,由于图层的特性,上面的图层总是遮盖下面的图层,所以可以通过改变图层的叠放次序来影响图像的合成效果。

(3) 链接图层:在图像编辑时,如果希望在保持几个图层的相对关系,对它们同时进行移动、旋转或合并等操作,可以通过先将这几个图层链接在一起的方法达成该目的。

3. 图层样式

图层样式也叫图层效果。Adobe Photoshop CS6 提供了大量的图层特殊效果,如浮雕、投影、发光和色彩混合等。

添加图层效果的方法如下。

(1) 选中要添加图层效果的图层。

(2) 单击图层面板下方"添加图层效果"按钮,在弹出的菜单中选择一个子菜单命令,打开如图 2-108 所示的"图层样式"对话框。

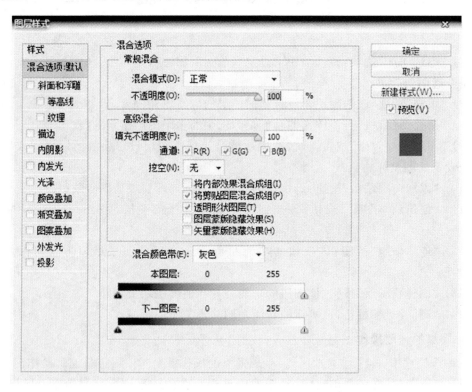

图 2-108 "图层样式"对话框

(3) 在"图层样式"对话框中,设置相应效果选项的参数,设置完成后,单击"确定"按钮,图层效果添加完毕。

添加了图层效果的图层面板右侧出现图层效果标识,标识左侧的三角符号可以展开或者折叠效果图层。可以通过双击添加了效果图层的图层面板来打开"图层样式"对话框,来进行图层效果的重新调整。

例 2.2 使用图层样式制作巧克力效果。

(1) 打开如图 2-109 所示的巧克力背景图像。

图 2-109 背景图像

(2) 新建"图层 1",在工具栏中选择圆角矩形工具,在其工具栏中选中"填充像素"按钮,设置前景色为 RGB(150,97,68),在图层 1 中绘制图形,效果如图 2-110 所示。

图 2-110 绘制圆角矩形效果图

(3) 选定"图层 1",单击添加"图层效果"按钮,选择"斜面和浮雕"命令,在弹出的对话框中设置参数,如图 2-111 所示,其中阴影模式后面的颜色设定为 RGB(153,83,20)。

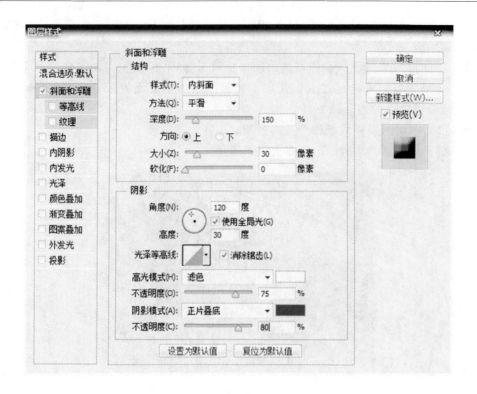

图 2-111 "斜面和浮雕"对话框

(4) 单击"等高线"复选框,在弹出的对话框中设置参数,如图 2-112 所示,得到如图 2-113 所示的效果图。

图 2-112 "等高线"对话框

图 2-113 设置"等高线"效果图

(5) 单击"内发光"复选框,在弹出的对话框中设置参数,如图 2-114 所示,"杂色"选项下面的颜色设定为 RGB(130,70,18)。

(6) 单击"内阴影"复选框,在弹出的对话框中设置参数,如图 2-115 所示,"杂色"选项下面的颜色设定为 RGB(134,86,19)。

第 2 章　图像处理技术

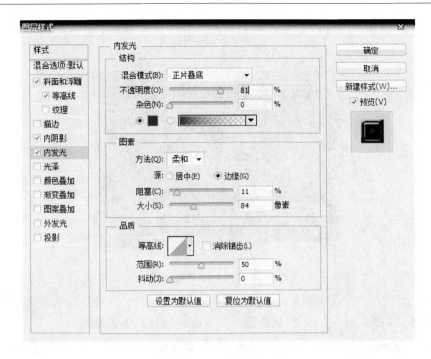

图 2-114　"内发光"对话框

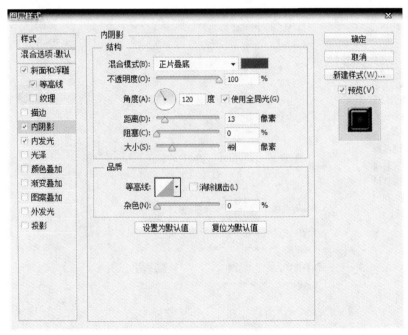

图 2-115　"内阴影"对话框

（7）新建"图层 2"，选择画笔工具，画笔大小为 9 个像素，绘制如图 2-116 所示的方格。

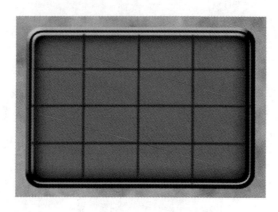

图 2-116　绘制方格效果图

（8）单击"图层 2"，设置图层 2 的"填充"选项的数值为 0，对图层 2 使用"斜面和浮雕"样式效果，如图 2-117 所示，得到如图 2-118 所示的巧克力效果图。

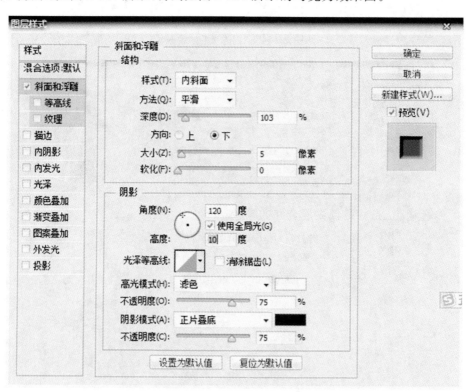

图 2-117　"斜面和浮雕"对话框

图 2-118 巧克力效果图

2.3.8 通道的应用

通道的概念是从分色印刷的胶片概念演变而来的。在 Adobe Photoshop CS6 中,打开一个图像文件时,根据图像的色彩模式自动将图像分割成不同的单色通道,每个单色通道对应分色印刷中的一个单色胶片,通道的数目取决于图像的色彩模式。在 Adobe Photoshop CS6 中通道被用来存放图像的颜色信息以及自定义选区,不仅可以使用通道得到特殊的选区,还可以通过改变通道中存放的颜色信息来调整图像色调。

1. 通道的分类

通道分为以下几种类型。

(1) 颜色通道:用于保存图像的颜色信息,不同颜色模式的图像其对应的颜色通道数目也不相同。如 RGB 通道分为 4 个通道(RGB 通道、R 通道、G 通道、B 通道),CMYK 通道分为 5 个通道(CMYK 通道、C 通道、M 通道、Y 通道、K 通道)。

(2) 专色通道:是一类预先混合好的颜色。

(3) Alpha 通道:是在图像的处理过程中使用最多的一种通道类型,其实质是为用户提供一个创建新选区的手段。

(4) 临时通道:是用户在编辑图像的过程中使用快速蒙版工具或图层蒙版时暂时存在的通道,当退出蒙版状态时,通道会自动消失。

2. 通道的应用

通道在图像处理中应用广泛,常用于对图像的色彩进行调色处理或者是建立特殊的选区。下面以建立人物复杂选区作为例子,介绍通道在建立特殊选区时的操作技巧。

例 2.3 使用通道建立人物选区。

建立人物选区的关键在于人物头发区域选区的建立,利用通道可以很好地解决这个问题。

（1）打开如图 2-119 所示的人物图像，切换至通道面板，分别观看"红"、"绿"、"蓝"3 个通道，效果如图 2-120、图 2-121、图 2-122 所示，找出一个头发与背景亮度对比最高的一个通道，经观察，"红"通道对比度最高。

图 2-119　人物原图

图 2-120　"红"通道

图 2-121　"绿"通道

图 2-122　"蓝"通道

（2）复制"红"通道，得到"红 副本"通道，选择"红 副本"通道，按"Ctrl＋I"快捷键对该通道执行"反相"操作，得到如图 2-123 所示的反相效果。

图 2-123 反相效果图

（3）按"Ctrl+L"快捷键,打开如图 2-124 所示的"色阶"对话框,对"红 副本"通道进行色阶调整,效果如图 2-125 所示。

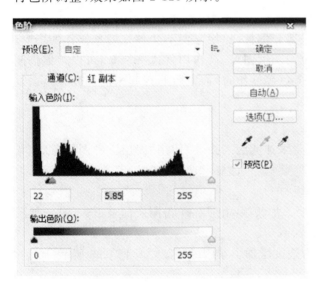

图 2-124 "色阶"对话框

图 2-125 调整色阶效果图

（4）选择画笔工具,设置合适的画笔大小,设置前景色为白色,在人物的身体躯干部分、脸部、手部进行涂抹,将其变成白色,效果如图 2-126 所示。

（5）按住"Ctrl"键,单击"红 副本"通道载入选区,单击 RGB 通道,按"Ctrl+J"快捷键,将选区中的图像复制到新图层中,得到"图层 1",隐藏背景图层,效果如图 2-127 所示。

图 2-126　画笔涂抹效果　　　　　　　图 2-127　人物抠图效果图

2.3.9　蒙版的应用

在进行图像处理时,常常需要保护一部分图像,以使它们不受各种处理操作的影响。蒙版就是这样的一种工具,它是一种 8 位的灰度图像,其作用就像一块布,可以遮盖住图像中的一部分,当对整个图像进行模糊、上色等操作时,被蒙版遮盖起来的部分就不会发生改变。

1. 蒙版的创建

(1) 命令方式:在图层面板中,选中要添加蒙版的图层,使用"图层"→"图层蒙版"菜单命令,出现 4 个子命令:"显示全部"、"隐藏全部"、"显示选区"和"隐藏选区",选择其中的任何一个子命令就可以创建不同的蒙版。

(2) 鼠标方式:在图层面板中,选中要添加蒙版的图层,单击图层面板下方的"添加图层蒙版"按钮,即可为该图层创建蒙版。

创建图层蒙版后,在图层缩略图的右边就增加了蒙版缩略图,如图 2-128 所示。

2. 蒙版的编辑

(1) 扩大蒙版:在蒙版编辑状态下,可以使用画笔工具来增加蒙版范围。选中画笔工具,把前景色设置为黑色,在需要扩大蒙版范围的区域,使用画笔进行涂抹,即可扩大蒙版。

(2) 缩小蒙版:在蒙版编辑状态下,可以使用画笔工具来缩小蒙版范围。选中画笔工具,把前景色设置为白色,在需要缩小蒙版范围的区域,使用画笔进行涂抹,即可缩小蒙版。

图 2-128　图层面板中蒙版缩略图

（3）停用蒙版：在编辑过程中，如果需要停用蒙版，用鼠标右键单击蒙版缩略图，然后在弹出的快捷菜单中选择"停用图层蒙版"命令，即可停止蒙版。

（4）删除蒙版：在编辑过程中，如果需要删除蒙版，用鼠标右键单击蒙版缩略图，然后在弹出的快捷菜单中选择"删除图层蒙版"命令，即可删除蒙版。

3. 蒙版的应用

蒙版在图像编辑中应用广泛，通过对蒙版的编辑，可以将大量的特殊效果应用于图层，从而产生相应的特殊艺术效果。

例 2.4　使用蒙版完成图像的无缝合成。

（1）打开如图 2-129 所示的风景图像和如图 2-130 所示的人物图像。

图 2-129　风景图像

图 2-130　人物图像

(2)将人物图像窗口切换为当前窗口,按下"Ctrl+A"快捷键,全选整幅图像,按"Ctrl+C"快捷键将其复制到剪贴板,然后再切换到风景图像窗口,按"Ctrl+V"快捷键将人物图像粘贴到风景图像窗口,它的图层面板如图2-131所示。

图 2-131　图像合成图层面板

(3)在图层面板中单击"人物图像"图层,把"人物图像"图层设置为当前图层,单击图层面板下方的"添加图层蒙版"按钮,为"人物图像"图层添加图层蒙版,图层面板如图2-132所示。

图 2-132　带"图层蒙版"的图层面板

（4）在工具栏中选择画笔工具，选择合适的画笔大小，修改图层蒙版范围，效果如图 2-133 所示。

图 2-133　编辑"图层蒙版"的图层面板

（5）如果觉得图像合成的边缘对比过于清晰，可以适当的对其进行模糊，最终图像合成效果如图 2-134 所示。

图 2-134　图像合成效果图

2.3.10　路径的应用

路径由一个或多个直线段或曲线段组成。线段的起始点和结束点由锚点标记。可以通过编辑路径的锚点改变路径的形状。也可以通过拖动方向线末尾类似锚点的方向点来控制曲线。路径可以是开放的,也可以是闭合的。

1. 路径概述

(1) 路径由路径线、节点和方向线构成。

(2) 路径分为 3 种类型:直线型路径、曲线型路径和混合型路径。

(3) 直线型路径节点:节点两端没有方向线,节点两端线型为直线。

(4) 光滑型节点:节点两端都有方向线,拖动其中一条方向线,另外一条方向线会向相反方向移动,使节点两端路径线同时发生变化。

(5) 拐角型节点:节点两端都有方向线,但是与光滑型节点不同,拖动其中一条方向线,另外一条方向线并不一起移动。

2. 绘制路径

创建路径最常用的方法是用钢笔工具绘制,此外路径还可以使用形状工具绘制或者由"选区"转换而成。

(1) 绘制直线型路径:在工具栏中选择钢笔工具,鼠标指针变为钢笔形状,将鼠标指针移到想要建立路径的起点单击鼠标,建立第一个节点;将鼠标移动到下一个目标点单击,建立第二个节点,两个节点间自动建立一条直线型路径;如果建立的最后一个节点和第一个节点重合,钢笔光标下面显示一个小圆圈,代表此时建立的是一个闭合路径;如果最后一个节点和第一个节点不重合,那么在最后一个节点绘制完成时,单击工具栏中的钢笔工具结束路径绘制,此时建立的是开放路径。

(2) 绘制曲线型路径:方法与绘制直线型路径类似,但是区别在于,确定节点的时候,绘制直线型路径是单击鼠标,而绘制曲线型路径是确定节点时按下鼠标后不松开,拖动鼠标向曲线延伸的方向移动,产生曲线型路径。

(3) 利用自由钢笔工具绘制路径:利用自由钢笔工具,可以直接在图像上按照鼠标拖动的轨迹创建路径,可以创建闭合路径,也可以创建开放路径。

3. 编辑路径

(1) 选择路径:有两个工具可以实现选择路径的功能,分别是路径选择工具和直接选择工具。路径选择工具选中整条路径,路径线和节点都呈黑色显示,代表路径线和所有节点都被选中。选择直接选择工具单击节点,节点呈黑色显示,代表该节点被选中,如果要选择多个节点,必须按住"Shift"键,然后逐一单击需要选择的节点。这两个工具可以通过按住"Ctrl"键相互转换。

(2) 调整路径:分为调整节点、直线路径、曲线路径 3 种操作。

调整节点的方法:选择直接选择工具,单击该节点并拖动。

调整直线路径的方法:选择直接选择工具,单击需要调整的路径,然后拖动路径,即可调整该直线路径的位置。

调整曲线路径的方法:选择直接选择工具,单击需要调整的路径,然后拖动路径或者拖动该路径的方向线,即可调整该曲线路径的位置。

(3) 转换节点:在路径操作中,有时候需要对路径进行直线型、曲线型和混合型三者之间的转换。

直线型节点转换为曲线型节点:选择转换节点工具,单击需要转换的直线型节点,然后拖动节点即可完成转换。

曲线型节点转换成直线型节点:选择转换节点工具,双击需要转换的曲线型节点即可转换成直线型节点。

(4) 变换路径:可以对路径进行自由变换。使用"编辑"→"自由变换点"→"变换路径"菜单命令,即可对路径进行变换。

(5) 路径和选区的转换:建立路径的目的,多数是为了精确地建立选区。因此,建立路径后,需要把路径转换成相应的选区。单击路径面板上的"将路径作为选区载入"按钮,就可以把当前路径转换成选区;单击路径面板上的"从选区生成工作路径"按钮,则把当前选区转换为路径。

(6) 路径的描边与填充:选中路径,单击"用前景色填充路径"按钮或者"用画笔描边路径"按钮,即可填充路径或者对路径进行描边。

下面用制作邮票边缘效果的实例,介绍路径在实际图像编辑中的应用。

例 2.5　制作邮票边缘效果。

(1) 打开如图 2-135 所示的制作邮票的图像,设置背景色为白色,然后增大图像画布大小,使图像四周增加白色区域,如图 2-136 所示。

图 2-135　邮票原图

图 2-136　改变画布大小效果图

(2) 用矩形选框工具选中图像区域,在路径面板中,单击"从选区生成工作路径"按钮,把选区转换为路径。

(3) 设置画笔大小为 19,间距为 150%,前景色设置为白色,在路径面板中,单击"用画笔描边路径"按钮,如果邮票边缘不明显,可以多单击几次该按钮,即可完成邮票的边缘绘制。

(4) 在路径面板中,按住"Shift"键,单击"工作路径"图层,隐藏路径,最终效果如图 2-137 所示。

图 2-137　邮票边缘效果图

2.3.11　滤镜的应用

　　滤镜源自摄影技术中的滤光镜。在 Adobe Photoshop CS6 中,滤镜主要用于各种特殊效果的创作。滤镜通常需要和图层、通道等配合使用,才能获得最佳的艺术效果。

　　Adobe Photoshop CS6 的滤镜分为内置滤镜(也就是 Photoshop 自带的滤镜)和外挂滤镜(也就是第三方滤镜)两种。内置滤镜是指 Adobe Photoshop CS6 默认安装时,Adobe Photoshop CS6 安装程序自动安装到 Plug-Ins 文件夹下的滤镜。外挂滤镜是由第三方厂商为 Adobe Photoshop CS6 所生产的滤镜,它们不但种类齐全,效果繁多而且功能强大,同时还在不断升级与更新。

　　外挂滤镜的安装有两种方法。外挂滤镜自带有安装程序的,把安装路径设置到 Adobe Photoshop CS6 下的 Plug-Ins 文件夹下即可。如果外挂滤镜不带安装程序,则直接将这些外挂滤镜的程序文件复制到 Plug-Ins 文件夹下就可以完成滤镜的安装。

　　滤镜种类繁多,但操作相似,应用时必须遵守操作规则,才能有效地使用滤镜功能。滤镜操作规则如下。

　　(1) 滤镜可以针对选区、图层、通道或整个图像进行滤镜处理,所以在使用滤镜前,一定要先确定滤镜的作用范围。

　　(2) 图像色彩模式对滤镜有一定的影响,在位图模式、索引颜色和 48 位深度的 RGB 模式下,滤镜不起作用。

　　(3) 滤镜只对有色区域有效果,对完全透明的区域没有任何效果。

　　(4) 最后一次使用的滤镜出现在"滤镜"菜单顶部,可以通过执行此命令对图像再次应用上次使用过的滤镜效果。

(5) 在任何一个滤镜效果对话框中,按下"Alt"键,对话框中的"取消"按钮就会转变为"复位"按钮,单击此按钮就可以将滤镜参数复位到调整前的状态。

(6) 要取消正在执行过程中的滤镜效果,只需按"Esc"键。

1. 普通滤镜

(1) "风格化"滤镜组。

"风格化"滤镜组所创建的是印象派的图像效果。主要通过对像素进行置换并查找和增加图像的对比度,在滤镜的应用区域上产生一种印象派艺术效果。

"风格化"滤镜组共有 9 种滤镜:"查找边缘"滤镜、"等高线"滤镜、"风"滤镜、"浮雕效果"滤镜、"扩散"滤镜、"拼贴"滤镜、"曝光过度"滤镜、"凸出"滤镜和"照亮边缘"滤镜。

(2) "画笔描边"滤镜组。

"画笔描边"滤镜组是对图像使用不同的画笔或油墨笔触效果,使图像产生绘画式或精美艺术品的外观。滤镜组中的一些滤镜则为图像增加颗粒、绘画、杂色、边缘细节或纹理效果,使图像具有点画的效果。

"画笔描边"滤镜组共有 8 种滤镜:"成角的线条"滤镜、"墨水轮廓"滤镜、"喷溅"滤镜、"喷色描边"滤镜、"强化的边缘"滤镜、"深色线条"滤镜、"烟灰墨"滤镜和"阴影线"滤镜。

(3) "模糊"滤镜组。

"模糊"滤镜组是通过降低图像色彩的对比度来虚化图像,模拟相机拍摄时对焦不准,导致图像模糊的效果。

"模糊"滤镜组共有 11 种滤镜:"表面模糊"滤镜、"动感模糊"滤镜、"方框模糊"滤镜、"高斯模糊"滤镜、"进一步模糊"滤镜、"径向模糊"滤镜、"镜头模糊"滤镜、"模糊"滤镜、"平均"滤镜、"特殊模糊"滤镜和"形状模糊"滤镜。

(4) "扭曲"滤镜组。

"扭曲"滤镜组是对图像应用扭曲变形效果,以达到特殊艺术设计效果。

"扭曲"滤镜组共有 13 种滤镜:"波浪"滤镜、"波纹"滤镜、"玻璃"滤镜、"海洋波纹"滤镜、"极坐标"滤镜、"挤压"滤镜、"镜头校正"滤镜、"扩散亮光"滤镜、"切变"滤镜、"球面化"滤镜、"水波"滤镜、"旋转扭曲"滤镜和"置换"滤镜。

(5) "锐化"滤镜组。

"锐化"滤镜组是对模糊图像增加相邻像素的对比度来使其变清晰,主要用于处理图像由于拍摄或扫描等原因造成的模糊情况。

"锐化"滤镜组共有 5 种滤镜:"USM 锐化"滤镜、"进一步锐化"滤镜、"锐化"滤镜、"锐化边缘"滤镜和"智能锐化"滤镜。

(6) "视频"滤镜组。

"视频"滤镜组主要用来按照视频播放对图像的要求处理从摄像机输入的图像或从录像带输入的图像,以使图像能满足视频播放的要求。

"视频"滤镜组共有 2 种滤镜:"NTSC 颜色"滤镜和"逐行"滤镜。

(7)"素描"滤镜组。

"素描"滤镜组主要用于创建手绘图像的效果,可以将纹理添加到图像上,用于创建精美的艺术品或手绘外观。

"素描"滤镜组共有 14 种滤镜:"半调图案"滤镜、"便条纸"滤镜、"粉笔和炭笔"滤镜、"铬黄"滤镜、"绘图笔"滤镜、"基底凸现"滤镜、"水彩画纸"滤镜、"撕边"滤镜、"塑料效果"滤镜、"炭笔"滤镜、"炭精笔"滤镜、"图章"滤镜、"网状"滤镜和"影印"滤镜。

(8)"纹理"滤镜组。

"纹理"滤镜组为图像添加各种纹理材质的感觉。可以直接在空白图层上产生纹理效果,也可以对图像进行抽象化或风格化处理。

"纹理"滤镜组共有 6 种滤镜:"龟裂缝"滤镜、"颗粒"滤镜、"马赛克拼贴"滤镜、"拼缀图"滤镜、"染色玻璃"滤镜和"纹理化"滤镜。

(9)"渲染"滤镜组。

"渲染"滤镜组主要用于在图像中创建三维图像、纹理填充以及制作类似三维的光照效果。

"渲染"滤镜组共有 5 种滤镜:"分层云彩"滤镜、"光照效果"滤镜、"镜头光晕"滤镜、"纤维"滤镜和"云彩"滤镜。

(10)"像素化"滤镜组。

"像素化"滤镜组将图像分解成一些分散的区域,并将这些区域转变为色块,再把色块构成图像,产生类似于色彩构成的效果。

"像素化"滤镜组共有 7 种滤镜:"彩块化"滤镜、"彩色半调"滤镜、"点状化"滤镜、"晶格化"滤镜、"马赛克"滤镜、"碎片"滤镜和"铜板雕刻"滤镜。

(11)"艺术效果"滤镜组。

"艺术效果"滤镜组模仿天然或传统的艺术媒体效果,使图像产生一种艺术效果,看上去就像艺术家处理过的,只能用于 RGB 和八位通道色彩模式。

"艺术效果"滤镜组共有 15 种滤镜:"壁画"滤镜、"彩色铅笔"滤镜、"粗糙铅笔"滤镜、"底纹效果"滤镜、"干画笔"滤镜、"海报边缘"滤镜、"海绵"滤镜、"绘画涂抹"滤镜、"胶片颗粒"滤镜、"木刻"滤镜、"霓虹灯光"滤镜、"水彩"滤镜、"塑料包装"滤镜、"调色刀"滤镜和"涂抹棒"滤镜。

(12)"杂色"滤镜组。

"杂色"滤镜组用于为图像添加或移去杂色或者是带有随机分布色阶的像素,可以创建特殊的纹理或者移去图像中有问题的区域。

"杂色"滤镜组共有 5 种滤镜:"减少杂色"滤镜、"蒙尘与划痕"滤镜、"去斑"滤镜、"添加杂色"滤镜和"中间值"滤镜。

(13)"其他"滤镜组。

"其他"滤镜组主要用来修饰图像的某些细节部分,并允许自己创建滤镜。

"其他"滤镜组共有 5 种滤镜:"高反差保留"滤镜、"位移"滤镜、"自定"滤镜、"最大值"滤镜和"最小值"滤镜。

2. 特殊滤镜

(1)"Digimarc"滤镜组。

"Digimarc"滤镜组主要用来对图像添加水印版权信息或者读取其中使用水印滤镜添加的版权信息。

"Digimarc"滤镜组共有 2 种滤镜:"读取水印"滤镜和"嵌入水印"滤镜。

(2)"液化"命令。

"液化"命令可用于推、拉、旋转、反射、折叠和膨胀图像的任意区域。创建的扭曲可以是细微的或剧烈的,这就使"液化"命令成为修饰图像和创建艺术效果的强大工具。"液化"命令可应用于 8 位通道或 16 位通道图像。

(3)"消失点"命令。

"消失点"命令允许在包含透视平面(例如,建筑物侧面或任何矩形对象)的图像中进行透视校正编辑。通过使用"消失点"命令,可以在图像中指定平面,然后应用诸如绘画、仿制、复制或粘贴以及变换等编辑操作,所有编辑操作都将采用所处理平面的透视。

(4)"滤镜库"命令。

"滤镜库"命令中集成了多个常用的滤镜,简化了滤镜的操作过程,并且可以很方便地把多个滤镜同时作用于一个图像。

第 3 章 音频处理技术

数字音频是多媒体素材中经常采用的媒体素材,主要表现为语音、自然声和音乐。在多媒体应用领域中,数字音频媒体能够有力地衬托主题,起到举足轻重的作用。

在多媒体技术中,针对数字音频的处理主要体现在采样和编辑两个方面。其中,采样的作用是通过模/数转换器(A/D)将自然声转换成计算机能够直接处理的一连串二进制数字音频信号;对数字音频的编辑一般包括剪辑、合成、添加特效等操作。

3.1 音频基础知识

声音在人类生活中具有重要意义,人类靠声音传递语言,交流思想。声音来源于物体的振动,是机械振动激发周围弹性媒质空气、液体或固体发生的波动现象。根据声音给人的感受,分为乐音和噪声。乐音通常是有规律、有序的振动产生的声音,和谐而美好;而噪音则是无序的振动产生的声音,使人不舒服。

3.1.1 声音的基本概念

1. 声音的基本特征

声音是由物体振动产生的,人们要听到声音,就需要介质传递声音。自然界中的声音主要是靠空气传播的,振动源使周围的介质产生共振,并以波的形式传播,而人的耳朵感觉到这种传播过来的振动,就产生了所谓的声音。

自然界中的声音变幻万千,人们总是根据自己的喜好去评价声音的好坏,而实际上,由于人的耳朵对于不同频率和强度的声音的感受是不同的。在人耳能听到的声音范围内,心理的主观感受主要分为音调、响度和音色三大特征。

(1) 音调。

音调表示人耳对于声音频率高低的主观感受。音调主要由声音的频率决定。对一定强度的纯音,音调随频率的升降而升降;对一定频率的纯音、低频纯音的音调随响度增加而下降,高频纯音的音调却随响度增加而上升。

对音调可以进行定量的判断。音调的单位称为美(mel);取频率1 000赫兹(Hz)、声压级为40分贝(dB)的纯音的音调作标准,称为1 000美,另一些纯音,听起来调子高一倍的称为2 000美,调子低一半的称为500美,以此类推,可建立起整个可听频率内的音调标度。这样得到的声压级40分贝的纯音音调与频率的关系如下。

音调高:轻,短,细。

音调低:重,长,粗。

(2) 响度。

响度指的是人耳对声音强弱的主观感觉。响度跟声源的振幅以及人耳距离声源的远近有关。物体在振动时偏离原来位置的最大距离叫振幅。实验表明响度与振幅的关系是:振幅越大,响度越大;振幅越小,响度越小。响度还跟距离发声体的远近有关系。声音是从发声体向四面八方传播的,越到远处振幅越小,所以人们距发声体越远,听到的声音越小。

(3) 音色。

音色又名音品,是指声音的感觉特性。不同的人声和不同的声响都能区分为不同的音色。音调的高低决定于发声体振动的频率,响度的大小决定于发声体振动的振幅,但不同的发声体由于材料、结构不同,发出声音的音色也就不同。所有能发声的物体发出的声音,除了一个基音外,还有许多不同频率的泛音伴随,正是这些泛音决定了其不同的音色,使人能辨别出是不同的物体发出的声音。这样就可以通过音色的不同去分辨不同的发声物体。

3.1.2　声音的频谱与质量

声音的频谱有线性频谱和连续频谱之分。线性频谱是具有周期性的单一频率声波;连续频谱是具有非周期性的带有一定频带所有频率分量的声波。纯粹单一的声波只能在专门的设备中创造出来,声音效果单调而乏味。自然界中的声音几乎全部属于非周期性声波,具有广泛的频率分量,听起来声音饱满,音色多样且具有生气。

声音的质量,是指经传输、处理后音频信号的保真度。信号带宽范围越广,声音的质量越高。目前,业界公认的声音质量标准分为4级,即数字激光唱盘CD-DA质量,其信号带宽为10 Hz～20 kHz;调频广播FM质量,其信号带宽为20 Hz～15 kHz;调幅广播

AM 质量,其信号带宽为 50 Hz～7 kHz;电话的话音质量,其信号带宽为 200 Hz～3 400 Hz。可见,数字激光唱盘的声音质量最高,电话的话音质量最低。

3.1.3 声音的连续时基性

声音在时间轴上是连续的,是具有连续性和持续性的信号,属于连续时基性媒体。构成声音的数据前后之间具有很强的关联性。

3.2 数字音频

声波可以用一条连续的曲线来表示,它在时间和幅度上是连续的,成为模拟音频信号。AM、FM 广播信号,磁带等记录的都是模拟音频信号。模拟音频信号有频率和幅度两个重要参数。声音的频率体现音调的高低,声波幅度的大小体现声音的强弱。一个声源每秒通常可以产生上千个波峰,每秒波峰发生的数目称为音频信号的频率,单位用赫兹(Hz)或千赫兹(kHz)表示。音频信号的幅度是指从信号的基线到波峰的距离。幅度决定了音量的强弱程度,幅度越大,音量越强。对于音频信号来说,声音的强度用分贝(dB)表示。

音频信息在计算机中是以数字的形式存放和处理的,计算机只能处理 0 和 1 这两个数字。所以计算机处理声音时必须先将声音数字化,将模拟信号变成计算机能够处理的数字信号。

3.2.1 声音的数字化

声音数字化就是将连续信号变成离散信号。音频的数字化过程分为采样、量化和编码。声音的数字化过程就是将音频信号在时间上离散,取有限个时间点;然后在幅度上离散,取有限个幅度值;最后将得到的数据表示成计算机能够识别处理的数据格式。采样和量化的声音信号经编码后就成为数字音频信号,将其以文件形式保存在计算机内。

3.2.2 声音数字音频采样

数码音频系统是通过将声波波形转换成二进制数据来再现原始声音的,实现这个步骤使用的设备是模/数转换器(A/D),它以每秒上万次的速率对声波进行采样,每一次采样都记录下了原始模拟声波在某一时刻的状态,称之为样本。将一串的样本连接起来,就可以描述一段声波了,把每一秒钟所采样的数目称为采样频率,单位为 Hz。采样频率越高所能描述的声波频率就越高。采样频率决定声音频率的范围(相当于音调),可以用数字波形表示。以波形表示的频率范围通常称为带宽。要正确理解音频采样可以分为采样的位数和采样的频率。

1. 采样的位数

采样位数可以理解为采集卡处理声音的解析度。采样位数越多,解析度就越高,录制和回放的声音就越真实。在计算机上录音的本质就是把模拟声音信号转换成数字信号。反之,在播放时则是把数字信号还原成模拟声音信号输出。采集卡的位是指采集卡在采集和播放声音文件时所使用数字声音信号的二进制位数。采集卡的位数客观地反映了数字声音信号对输入声音信号描述的准确程度。8 位的采样位数采样精度为 2^8——256 个单位,16 位的采样位数采样精度则为 2^{16}——64K 个单位。

2. 采样频率

数码音频系统通过将声波波形转换成二进制数据来再现原始声音,实现这个步骤使用的设备是模/数转换器,它以每秒上万次的速率对声波进行采样,每一次采样都记录下了原始模拟声波在某一时刻的状态,称之为样本。将一组样本连接起来,就可以描述一段声波了,把每一秒钟所采样的数目称为采样频率或采率,单位为 Hz。采样频率越高所能描述的声波频率就越高。采样频率越高,声音的还原就越真实越自然。

采样频率一般共分为 22.05 kHz、44.1 kHz、48 kHz 3 个等级,22.05 kHz 只能达到 FM 广播的声音品质,44.1 kHz 是理论上的 CD 音质界限,48 kHz 更加精确一些。对于高于 48 kHz 的采样频率人耳已无法辨别出来了,所以在计算机上没有多少实用价值。

3.2.3 声音文件格式

声音的文件格式是指数字音频文件在存储介质上的存放格式。由于数据的编码、解码方式不同,相同的数字音频可以有不同的文件格式。

1. WAVE 文件格式

WAVE 是微软公司开发的一种声音文件格式,它符合 Resource Interchange File Format 文件规范,用于保存 Windows 平台的音频信息资源,被 Windows 平台及其应用程序所支持。

WAVE 文件作为最经典的 Windows 多媒体音频格式,应用非常广泛,它使用 3 个参数来表示声音:采样位数、采样频率和声道数。声道有单声道和双声道(立体声)之分,采样频率一般有 11 025 Hz(11 kHz)、22 050 Hz(22 kHz)和 44 100 Hz(44 kHz)3 种。

"*.wav"格式支持 MSADPCM、CCITT A LAW 等多种压缩算法,支持多种音频位数、采样频率和声道,标准格式的 WAV 文件和 CD 格式一样,也是 44.1 kHz 的采样频率,速率 88 kbps,16 位量化位数,WAV 格式的声音文件质量和 CD 相差无几,也是目前 PC 机上广为流行的声音文件格式,几乎所有的音频编辑软件都兼容 WAV 格式。

WAV 音频格式的优点:简单的编/解码(几乎可直接存储来自模/数转换器的信号)、普遍的认同/支持以及无损耗存储。WAV 格式的主要缺点是需要的音频存储空间大。对于小的存储空间或小带宽应用而言,这可能是一个重要的问题。

2. MP3 文件格式

MP3 指的是 MPEG 标准中的音频部分,也就是 MPEG 音频层。根据压缩质量和编码处理的不同分为 3 层,分别对应" *.mp1"、" *.mp2"、" *.mp3"这 3 种声音文件。MPEG 音频文件的压缩是一种有损压缩,MPEG-3 音频编码具有 10:1 到 12:1 的高压缩率,同时基本保持低音频部分不失真,但是牺牲了声音文件中 12 kHz 到 16 kHz 高音频部分的质量来换取文件的尺寸,相同长度的音乐文件,用 MP3 格式来储存,一般只有 WAV 文件格式的 1/10,而音质要次于 CD 格式或 WAV 格式的声音文件。

MP3 格式压缩音乐的采样频率有很多种,可以用 64 kbps 或更低的采样频率节省空间,也可以用 320 kbps 的标准达到极高的音质。

3. RA、RMA 文件格式

互联网大行其道之后,Real Media 出现了,这种文件格式几乎成了网络流媒体的代名词。RA、RMA 这两种文件类型就是 Real Media 中的音频文件。它是由 Real Networks 公司发明的,特点是可以在非常低的带宽下(低达 28.8 kbps)提供足够好的音质让用户能在线聆听。

网络流媒体的原理非常简单,就是将原来连续不断的音频分割成一个一个带有顺序标记的小数据包,将这些小数据包通过网络进行传递,在接收的时候再将这些数据包重新按顺序组织起来播放。如果网络质量太差,有些数据包收不到或者延缓了到达,它就跳过这些数据包不播放,以保证用户聆听的内容是基本连续的。

由于 Real Media 是从极差的网络环境下发展起来的,所以 Real Media 的音质并不怎么好,包括在高比特率的时候,甚至差于 MP3。Real Media 的用途是在线聆听,并不适于编辑,所以相应的处理软件并不多。一些主流软件可以支持 Real Media 的读/写,可以实现直接剪辑的软件是 Real Networks 自己提供的捆绑在 Real Media Encoder 编码器中的 Real Media Editor,但功能非常有限。

4. WMA 文件格式

WMA(Windows Media Audio)格式来自于微软,音质要强于 MP3 格式,更远胜于 RA 格式,它和日本雅马哈公司开发的 VQF 格式一样,是以减少数据流量但保持音质的方法来达到比 MP3 压缩率更高的目的,WMA 的压缩率一般都可以达到 1:18 左右,

WMA 的另一个优点是内容提供商可以通过 DRM（Digital Rights Management）方案如 Windows Media Rights Manager 7 加入防复制保护。这种内置了版权保护技术可以限制播放时间和播放次数甚至可以限制播放的机器等。另外 WMA 还支持音频流（Stream）技术，适合在网络上在线播放。

5. MIDI 文件格式

MIDI 允许数字合成器和其他设备交换数据。MIDI 文件格式由 MIDI 继承而来。MIDI 文件并不是一段录制好的声音，而是记录声音的信息，然后再告诉声卡如何再现音乐的一组指令。

MIDI 文件主要用于原始乐器作品，流行歌曲的业余表演，游戏音轨以及电子贺卡等。MIDI 文件重放的效果完全依赖声卡的档次。MIDI 格式的最大用处是在计算机作曲领域。MIDI 文件可以用作曲软件制作，也可以通过声卡的 MIDI 口把外接音序器演奏的乐曲输入计算机中，制成 MIDI 文件。MIDI 技术的一大优点就是它送到和存储在计算机中的数据量相当小，一个包含有一分钟立体声的数字音频文件需要约 10 MB 的存储空间。而一分钟的 MIDI 音乐文件只有 2 KB。这也就意味着，在乐器与计算机之间传输的数据是很少的，也就是说即使最低档的计算机也能运行和记录 MIDI 文件。

6. VQF 文件格式

雅马哈公司另一种格式是 VQF，它的核心是用减少数据流量但保持音质的方法来达到更高的压缩比，可以说技术很先进。VQF 的音频压缩率比标准的 MPEG 音频压缩率高出近一倍，可以达到 1∶18 左右甚至更高。而像 MP3、RA 这些广为流行的压缩格式一般只有 1∶12 左右。但仍然不会影响音质，当 VQF 以 44 kHz～80 kbps 的音频采样率压缩音乐时，它的音质会优于 44 kHz～128 kbps 的 MP3，以 44 kHz～96 kbps 压缩时，音乐接近 44 kHz～256 kbps 的 MP3。

3.3 音频处理软件 Adobe Audition CS6

3.3.1 Adobe Audition CS6 简介

Adobe Audition 是一个专业音频编辑和混合环境，原名为 Cool Edit Pro。被 Adobe 公司收购后，改名为 Adobe Audition。Adobe Audition 专为在照相馆、广播设备和后期制作设备方面工作的音频和视频专业人员设计，可提供先进的音频混合、编辑、控制和效果处理功能。最多混合 128 个声道，可编辑单个音频文件，创建回路，并可使用 45 种以上的数字信号处理效果。Adobe Audition是一个完善的多声道录音室,可提供灵活的工作流程并且使用简便。无论是要录制音乐、无线电广播,还是为录像配音,Adobe Audition恰到好处的工具均可为用户提供充足动力,以创造可能的最高质量的丰富、细微音响。

Adobe Audition CS6 也可以配合 Premiere Pro CS5 编辑音频使用,其实从 CS5 开始就取消了 MIDI 音序器功能,而且也推出苹果平台 MAC 的版本,可以和 PC 平台互相导入导出音频工程。相比 CS5 版,CS6 还完善了各种音频编码格式接口,比如已经支持 FLAC 和 APE 无损音频格式的导入和导出,以及相关工程文件的渲染(不过 APE 导入还存在 Bug,有崩溃的可能性)。新版本的 CS6 还支持 VST3 格式的插件,相比 VST2,CS6 加入对 VST3 的支持可以更好地分类管理效果器插件类型以及统一的 VST 路径,例如 CS6 调用 Waves 的插件包根据动态、均衡、混响、延时等类别自动分类子菜单管理了。CS6 的其他新特性,比如自动音高识别、高清视频支持、更完善的自动化等等。

目前 Adobe Audition 的最新版本是 Adobe Audition CC。

3.3.2 Adobe Audition CS6 的基本操作

1. Adobe Audition CS6 的启动

启动 Adobe Audition CS6,启动过程中,系统桌面会显示如图 3-1 所示的界面。

图 3-1 Adobe Audition CS6 的启动界面

启动后,若弹出如图 3-2 所示对话框,其含义是指当前安装的 Adobe Audition CS6

不支持对 QuickTime 文件格式的编辑,如果需要对 QuickTime 文件进行编辑,则需要到苹果公司的官方网站下载最新的 QuickTime 软件并安装,才可以使用 Adobe Audition CS6 进行 QuickTime 文件的编辑。

图 3-2　QuickTime 格式不支持警告对话框

Adobe Audition CS6 启动完成后,主界面如图 3-3 所示。

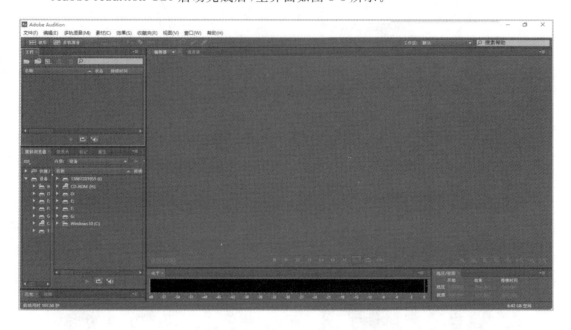

图 3-3　Adobe Audition CS6 的主界面

2. Adobe Audition CS6 的退出

退出 Adobe Audition CS6 有两种方法:一是单击 Adobe Audition CS6 主界面右上角的"关闭"按钮;二是使用"文件"→"退出"菜单命令。

3. 打开音频文件

启动 Adobe Audition CS6 后,使用"文件"→"打开"菜单命令,打开如图 3-4 所示的"打开文件"对话框,选择音频文件"一直在等.mp3"。

图 3-4 选择打开的文件

单击"打开"按钮,返回 Adobe Audition CS6 的主界面,如图 3-5 所示。

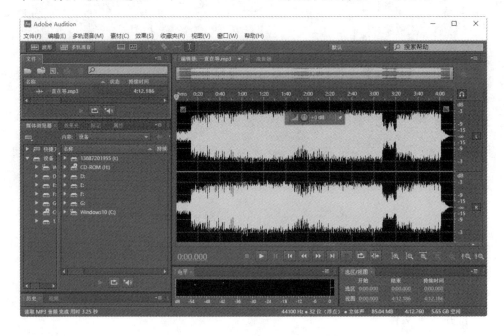

图 3-5 打开选中文件后的主界面

当某些文件格式不能使用"打开"命令正常打开时,可以尝试将文件导入到软件中,如果不能导入,则表明 Adobe Audition CS6 不兼容该格式的音乐文件,需要使用第三方软件进行转换后,再使用 Adobe Audition CS6 打开。

3.3.3 录制音频

启动 Adobe Audition CS6,使用"文件"→"新建"→"音频文件"菜单命令,在弹出的"新建音频文件"对话框中设置"文件名"为"录制音频示例1",如图 3-6 所示。

图 3-6 新建音频文件

确定将麦克风插入到计算机声卡的麦克风插口。右击托盘区的喇叭图标,在弹出的快捷菜单中选择"声音"命令,打开"声音"对话框,在"录制"选项卡中选择带有"FrontMic"或"麦克风"的选项,如图 3-7 所示。不同声卡设置不尽相同,单击"确定"按钮。

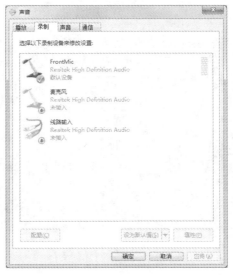

图 3-7 设置录音设备

返回 Adobe Audition CS6 主界面,单击"录制"按钮(或按"Shift+Space"快捷键),对准麦克风,开始进行录音。此时可以看到 Adobe Audition CS6 主界面上的声音记录波形,如图 3-8 所示。

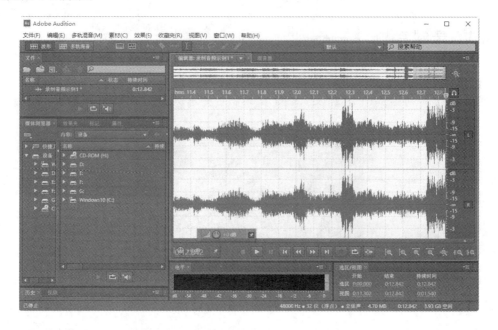

图 3-8 录制音频过程界面

录制完成后,再次单击"录制"按钮,停止录制。单击"播放"按钮,监听录制效果,如果录制效果达到录制要求,使用"文件"→"存储"菜单命令,保存录制的音频,把录制的音频文件保存为"录制音频示例 1.wav",如图 3-9 所示。

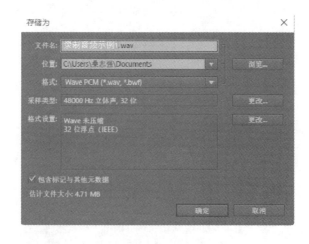

图 3-9 保存录制音频文件

3.3.4 编辑音频

对于单个音频文件,主要的编辑操作是删除、裁剪。

1. 删除音频片段

(1) 启动 Adobe Audition CS6,使用"文件"→"打开"菜单命令,打开如图 3-10 所示的"打开文件"对话框,选择之前录制的"录制音频示例 1.wav"文件,单击"打开"按钮,系统界面如图 3-11 所示。

图 3-10 打开"录制音频示例 1.wav"文件

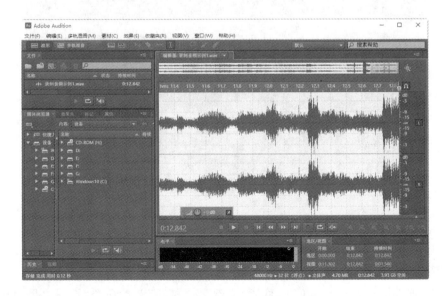

图 3-11 打开音频文件后的主界面

（2）在波形窗口中，单击需要删除音频的开始位置，拖动鼠标到需要删除音频的结束位置，如图 3-12 所示，按下"Delete"键，即可删除选中的音频片段，效果如图 3-13 所示。

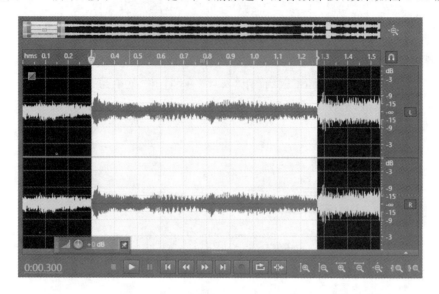

图 3-12　选取音频片段

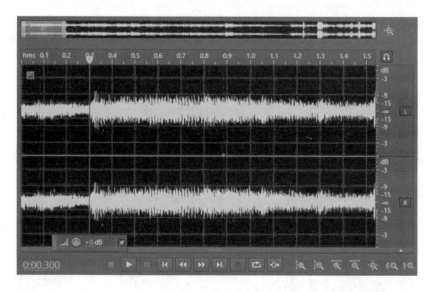

图 3-13　删除音频片段后的效果

（3）使用"文件"→"保存"菜单命令，保存当前音频编辑的效果。

2. 裁剪音频片段

（1）启动 Adobe Audition CS6，使用"文件"→"打开"菜单命令，打开之前录制的"录制音频示例 1.wav"文件。

（2）在波形窗口中，单击需要裁剪音频的开始位置，拖动鼠标到需要裁剪音频的结束位置，如图 3-14 所示，在选中的音频片段上单击鼠标右键，在弹出的快捷菜单中选择"裁剪"命令，Adobe Audition CS6 的"编辑器"界面上仅留下选中的音频片段，如图 3-15 所示。

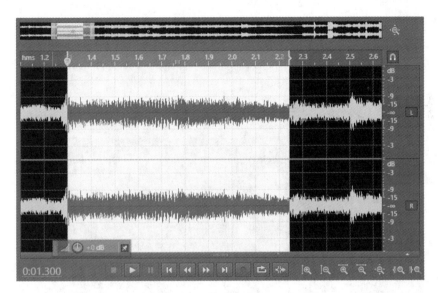

图 3-14　选取音频片段

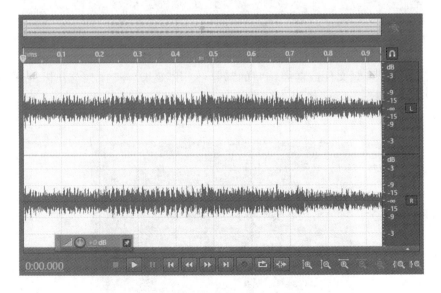

图 3-15　裁剪音频片段后的效果

(3)使用"菜单"→"保存"菜单命令,保存当前音频编辑的效果。

3.3.5 音频效果处理

1. 调整音量

当音频素材音量需要调整时,可以使用 Adobe Audition CS6 来实现。具体操作步骤如下。

(1)在 Adobe Audition CS6 中打开需要调整音量的音频文件,如图 3-16 所示。

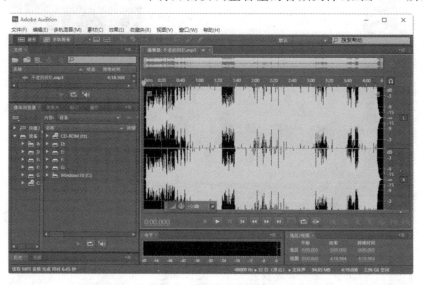

图 3-16 打开需要调整音量的音频文件

(2)选中全部音频文件或需要调整的部分,使用"效果"→"振幅与压限"→"增幅"菜单命令,打开"增幅"对话框,如图 3-17 所示。

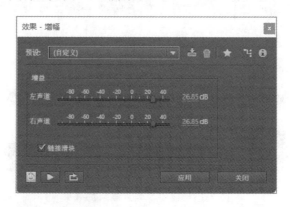

图 3-17 "增幅"对话框

(3)在"增幅"对话框中,拖动"增益"栏中的左右声道滑块调整音量大小,并试听调整后的声音效果,符合调整需求后,单击"应用"按钮,应用调整效果。

2. 静音处理

如果音频素材中有部分区域需要消除杂音,而降噪功能只能在一定程度上削弱杂音,此时需要使用 Adobe Audition CS6 的静音功能进行处理。具体操作步骤如下。

(1)在 Adobe Audition CS6 中打开需要调整音量的音频文件,并选中需要静音处理的区域,如图 3-18 所示。

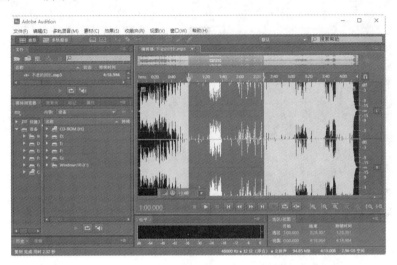

图 3-18　选中需要静音处理的音频文件区域

(2)使用"效果"→"静默"菜单命令,选中区域的音频波形全部消失,音频文件长度保持不变,处理效果如图 3-19 所示。

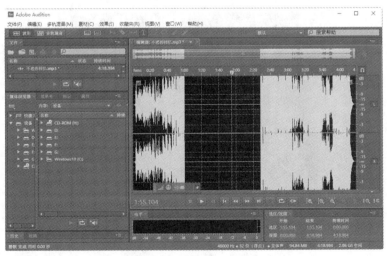

图 3-19　执行静音操作后的主界面

3. 降噪

从带有噪声的音频文件中,将噪声消除,以获取尽量清晰的音频文件。

(1) 在 Adobe Audition CS6 中打开需要消除噪声的音频文件,并选中仅有噪声,没有其他声音的区域,如图 3-20 所示。单击鼠标右键,在弹出的快捷菜单中选择"捕捉噪声样本"命令。

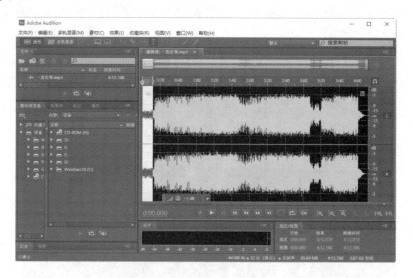

图 3-20　选中需要降噪处理的音频文件噪声区域

(2) 按下"Ctrl+Alt"快捷键,选中整个音频文件。使用"效果"→"降噪"→"降噪处理"菜单命令,打开如图 3-21 所示的"降噪"对话框,单击"应用"按钮,即可完成音频文件的降噪处理。

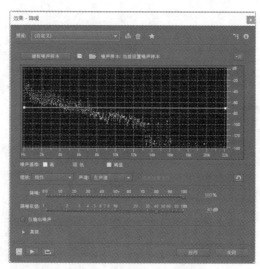

图 3-21　"降噪"对话框

4. 消减人声

需要将某些音频文件用作背景音乐时,如果音频文件的音乐和歌唱声分别保存在两个声道中,则只需要针对音乐声道进行处理即可;否则需要对音频文件做消减人声的操作。使用 Adobe Audition CS6 消减人声,主要基于对现有音频的中置频率和中置声道电平值的控制,来消减人声。原则上说消减人声是对音频文件的有损操作。

(1) 在 Adobe Audition CS6 中打开需要消减人声的音频文件,使用"效果"→"立体声音像"→"中置声道提取"菜单命令,打开如图 3-22 所示的"中置声道提取"对话框,单击"播放"按钮,播放音乐,在播放到歌唱声的地方,调整"中置频率"和"中置声道电平"的参数值,直到满意为止。

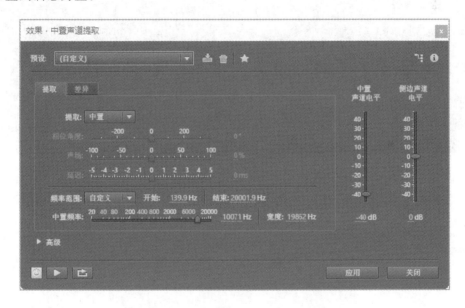

图 3-22 "中置声道提取"对话框

(2) 单击"应用"按钮,即可将刚设置好的参数应用于当前文件。

此外,也可以使用"收藏夹"→"移除人声"菜单命令,快速实现消减人声的效果,但此方法对于不同的音频文件效果差别很大,所以不提倡使用。

5. 回声处理

有时需要对音频文件做回声特效处理,使声音听上去更圆润,更具空间感。其原理是把滞后一小段时间的波形声音叠加到原来的波形声音上。制作回声的理想对象是语音。

(1) 在 Adobe Audition CS6 中打开需要制作回声的音频文件,使用"效果"→"延迟与回声"→"回声"菜单命令,打开如图 3-23 所示的"回声"对话框。

（2）分别设定左右声道的"延迟时间"、"回授"和"回声电平"3个参数值，试听满意后，单击"应用"按钮，确定应用回声效果。

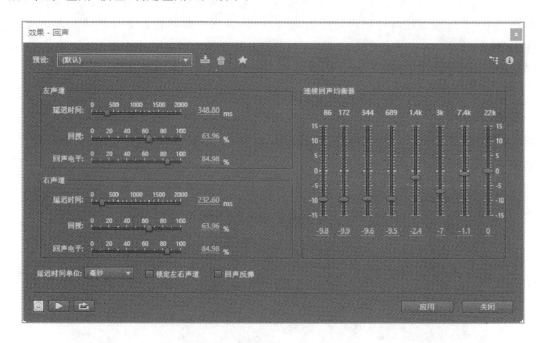

图 3-23 "回声"对话框

第 4 章 视频处理技术

视频(Video)源自于拉丁语的"我看见"。通常泛指各种动态影像的储存格式,例如:数位视频格式,包括 DVD、QuickTime、MPEG-4 和录像带等。

视频技术最早是从创建阴极射线管的电视系统发展起来的。随着新的显示技术的发展,视频技术的范畴更大,视频技术的发展分为基于电视的标准和基于计算机的标准两个方向。伴随着计算机性能的提升和数字电视的发展,这两个领域又有了新的交叉和集中。

4.1 视频基础知识

视频泛指将一系列的静态影像以电信号方式加以捕捉、纪录、处理、储存、传送与重现的各种技术。连续的图像变化每秒超过 24 帧(Frame)画面以上时,根据视觉暂留原理,人眼无法辨别单幅的静态画面,看上去是平滑连续的视觉效果,这样连续的画面叫做视频。

4.1.1 视频制式

视频信号按照显示颜色划分为黑白和彩色两种。对应的信号标准称为制式。制式的区分主要在于视频的帧频、分解率、信号带宽、载频及色彩空间的转换关系不同。目前世界上的彩色电视制式有 3 种:NTSC 制式、PAL 制式和 SECAM 制式。

1. NTSC 制式

NTSC 制式是 1952 年美国国家电视标准委员会定义的彩色电视广播标准。NTSC

制式标准规定视频信号每秒29.97帧(简化为30帧),电视扫描线为525线,偶场在前,奇场在后,标准的数字化NTSC电视标准分辨率为720*480像素,24比特的色彩位深,画面的宽高比为4:3。场频为每秒60场,帧频为每秒30帧,扫描线为525行。NTSC电视标准用于美国、日本等国家和地区。

2. PAL 制式

PAL制式是1962年制定的彩色电视广播标准,它采用逐行倒相正交平衡调幅的技术方法,克服了NTSC制相位敏感造成色彩失真的缺点。PAL制式标准规定视频信号每秒25帧,电视扫描线为625线,奇场在前,偶场在后,标准的数字化PAL电视标准分辨率为720*576像素,24比特的色彩位深,画面的宽高比为4:3,PAL制电视的供电频率为50 Hz,场频为每秒50场,帧频为每秒25帧,扫描线为625行,图像信号带宽分别为4.2 MHz、5.5 MHz、5.6 MHz等。英国、新加坡、中国、澳大利亚及新西兰等国家和地区采用这种制式。

3. SECAM 制式

SCEAM制式是为了克服NTSC制的色调失真而出现的另一彩色电视制式。SECAM制式标准规定帧频每秒25帧,每帧625行。隔行扫描,画面比例4:3,分辨率为720×576像素,约40万像素,亮度带宽6.0 MHz;彩色幅载波4.25 MHz;色度带宽1.0 MHz(U)、1.0 MHz(V);声音载波6.5 MHz。法国、俄罗斯、东欧和中东等约有65个国家和地区采用这种制式。

4.1.2 视频文件格式

1. MPEG 格式

MPEG(Moving Picture Experts Group)是1988年成立的一个专家组,这个专家组在1991年制定了一个MPEG-1国际标准,其标准名称为"动态图像和伴音的编码"。MPEG标准包括3个部分:MPEG视频(Video)、MPEG音频(Audio)和MPEG系统(System)。

MPEG视频格式包括了MPEG-1、MPEG-2和MPEG-4在内的多种视频格式。MPEG-1格式主要应用于VCD的制作;MPEG-2则是应用在DVD的制作,同时在一些HDTV(高清晰电视广播)和一些高要求视频编辑、处理上面也有相当多的应用。

2. AVI 格式

AVI(Audio Video Interleave)是一种音频视像交叉记录的数字视频文件格式,1992年初由美国Microsoft公司推出。AVI格式调用方便、图像质量好,但缺点就是文件体积过于庞大。

3. MOV 格式

MOV(Movie Digital Video Technology)是由美国 Apple 公司推出的一种视频格式。MOV 格式的视频文件也可以采用不压缩或压缩的方式,其压缩算法包括 Cinepak、Intel Indeo Video R3.2 和 Video 编码。其中 Cinepak 和 Intel Indeo Video R3.2 算法的应用和效果与 AVI 格式中的应用和效果类似。而 Video 格式编码适合于采集和压缩模拟视频,并可从硬盘平台上高质量回放,从光盘平台上回放质量可调。这种算法支持 16 位图像深度的帧内压缩和帧间压缩,帧率可达每秒 10 帧以上。

4. RM 格式

RM(Real Media)是 Real Networks 公司所制定的音频/视频压缩规范 Real Media 中的一种,在 Real Media 规范中主要包括 3 类文件:RealAudio、Real Video 和 Real Flash。Real Video(RA、RAM)格式由一开始就是定位在视频流应用方面的,也可以说是视频流技术的始创者。它可以在用 56K Modem 拨号上网的条件实现不间断的视频播放,但其图像质量比 VCD 略差。

5. RMVB 格式

这是一种由 RM 视频格式升级延伸出的新视频格式,它的先进之处在于 RMVB 视频格式打破了原先 RM 格式那种平均压缩采样的方式,在保证平均压缩比的基础上合理利用比特率资源,就是说静止和动作场面少的画面场景采用较低的编码速率,这样可以留出更多的带宽空间,而这些带宽会在出现快速运动的画面场景时被利用。这样在保证了静止画面质量的前提下,大幅地提高了运动图像的画面质量。

6. FLV 格式

FLV 就是随着 Flash MX 的推出发展而来的新的视频格式,其全称为 Flash Video。是在 Sorenson 公司的压缩算法的基础上开发出来的。它形成的文件极小、加载速度极快,使得网络观看视频文件成为可能,因此 FLV 视频格式广泛应用于网络视频网站。

4.1.3 视频文件格式转换

随着计算机影像技术的发展,出现了不同格式的视频文件,为了适应不同的播放需求或者后期编辑处理,就需要对各种视频文件格式中进行格式转换。

常见的视频格式转换软件有 WinMPG Video Convert、Zealot All Video Converter、AVS Video Converter、网络多媒体梦工厂、RM Converter 等。下面以把 AVI 视频格式文件转换为 MP4 视频格式文件为例来介绍 WinMPG Video Convert 软件的使用。

例 4.1 利用 WinMPG Video Convert 软件把 AVI 视频格式文件转换为 MP4 视频格式文件。

(1) 运行 WinMPG Video Convert 软件,进入 WinMPG Video Convert 的主界面,如

图 4-1 所示。

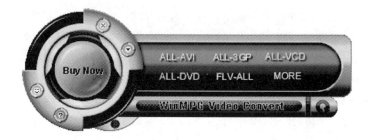

图 4-1　WinMPG Video Convert 主界面

（2）单击"More"按钮，展开转换文件格式选项，如图 4-2 所示。

图 4-2　转换文件格式选项

（3）选择"MP4"文件格式，进入视频文件格式转换界面，如图 4-3 所示。

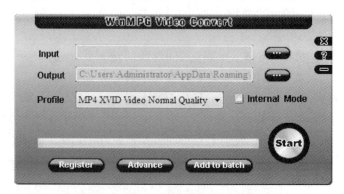

图 4-3　视频文件格式转换界面

（4）在"Input"文本框中指定要转换的视频文件存储位置，在"Output"文本框中指定转换后的视频文件存储位置，在"Profile"下拉列表框中选择合适的转换质量标准，然后单击"Start"按钮，开始进行文件转换，如图4-4所示。

图 4-4　视频转换图

4.1.4　数字视频采集

在视频的后期处理制作中，往往需要一些特殊的视频片段，而这些片段的获取手段主要为采集摄像机录制或从 VCD 和 DVD 影碟中获取。

4.2　视频编辑软件会声会影 X2

会声会影 X2 是友立公司开发的非线性数字视频编辑软件，广泛应用于影视制作及多媒体软件开发之中，具有强大的视频编辑功能和简易便捷的特技处理功能。目前最新版本为会声会影 X8。

本节以会声会影 X2 为例，介绍数字视频的制作与编辑方法。

4.2.1　会声会影 X2 简介

启动会声会影 X2，打开启动向导，如图 4-5 所示。选择"会声会影编辑器"，进入会声会影 X2 工作界面。会声会影 X2 有两种影片编辑界面：一种是故事板视图界面；另一种是时间轴视图界面。本节主要以第二种界面的操作为介绍内容，如图 4-6 所示。

（1）监视窗口。

监视窗口主要用来预览时间轴窗口中编辑好的影片或电影特技。

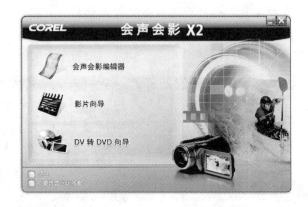

图 4-5　会声会影 X2 启动向导

图 4-6　会声会影 X2 工作界面

（2）时间轴窗口。

时间轴窗口用来对项目的编辑窗口中的片段进行电影效果的组织，是最重要的窗口，所有的合成效果都在时间轴窗口中进行。

（3）步骤选项组。

步骤选项组包括"捕获"、"编辑"、"效果"、"覆叠"、"标题"、"音频"、"分享"等选项卡。

①"捕获"步骤。

"捕获"步骤主要用来捕获视频、图像、音频等素材。

②"编辑"步骤。

"编辑"步骤主要用来编辑视频、图像、音频等素材。

③ "效果"步骤。

"效果"步骤主要用来设置电影片段的转场或者过渡效果。

④ "覆叠"步骤。

"覆叠"步骤主要用来设置与视频轨道合并的叠加素材。用覆叠素材可以创建画中画的效果,或添加创意图形,来创建更具专业化外观的影片作品。

⑤ "标题"步骤。

"标题"步骤主要用来设置电影片段的标题文字,创建出带特殊效果的专业化外观的标题。

⑥ "音频"步骤。

"音频"步骤主要用来设置电影片段中的音乐和声音效果。

⑦ "分享"步骤。

"分享"步骤主要用来导出已经编辑好的电影片段。

4.2.2 制作数字电影

1. 新建项目

使用"文件"→"新建项目"菜单命令,即可按照默认的参数设置创建一个新的数字电影项目。如果需要重新选择项目参数,则使用"文件"→"项目属性"菜单命令,打开"参数设置"对话框,如图 4-7 所示。

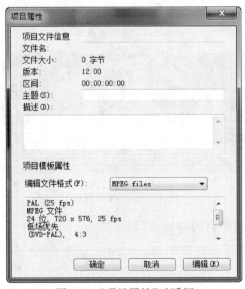

图 4-7 "项目属性"对话框

2. 导入素材

在会声会影 X2 中,图像、声音、视频、文字都可以作为制作数字电影的素材。会声会影 X2 支持多种格式的素材文件。

使用"文件"→"将媒体文件插入到素材库"→"插入视频/插入图像/插入音频"菜单命令,可以将对应媒体插入到相应的素材库中。

按此方法,分别把视频文件动物世界.wmv、星球.swf,图像文件校园风光系列、音频文件 03 青花瓷.mp3 导入对应素材库中,如图 4-8、图 4-9、图 4-10 所示。

图 4-8 视频素材库

图 4-9 图像素材库

图 4-10 音频素材库

3. 将素材从素材库添加到时间轴窗口

在素材库窗口中选中需要的素材,按下鼠标左键拖动到时间轴窗口中的相应轨道,然后松开鼠标。

使用上述方法,将素材库中的素材依次添加到时间轴窗口的相应轨道。视频片段和图像素材依次拖放到视频轨道,音频素材拖放到音频轨道,如图 4-11 所示。

图 4-11　将素材拖动到时间轴窗口

时间轴标尺刻度计量单位默认采用"时:分:秒:帧"的 SMPTM 时间编码格式。可以通过单击 中的"放大"、"缩小"或"将项目调整到时间轴窗口大小"按钮来调整时间轴上素材的显示状态。

若要删除时间轴窗口中的某一个素材,可以单击选中该素材,素材两端出现黄色标记,然后按"Delete"键即可删除该素材。但该素材依然保留在素材库中,还可以再次添加到时间轴。

4. 预览影片

在制作过程中,可以在监视窗口中实时监控制作效果,也可以在影片制作完成后,通过监视窗口预览整部影片的效果。可以通过单击监视窗口的"播放"按钮或者直接在时间轴窗口中拖动事件游标来实现影片预览。

4.2.3　视频编辑

在影片制作中,导入的视频片段通常不能完全符合影片制作的要求,所以需要对其进行进一步的编辑调整,以达到影片制作的要求。会声会影 X2 提供了独立的视频参数设置窗口来支持对视频素材的编辑操作,此窗口在单击时间轴上的视频素材后出现,如图 4-12 所示。

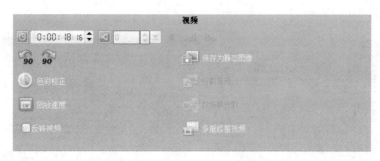

图 4-12　视频参数设置窗口

1. 截取片段

在制作影片时,有时候并不需要导入视频素材片段的全部,而仅仅只需要其中的部分,此时可以通过对影片素材进行剪切来截取需要的部分或者删除不需要的部分。

在项目窗口中,选中需要进行剪切处理编辑的视频素材片段,然后单击视频参数设置窗口中的"多重修整视频"选项进入"多重修整视频"设置窗口,如图 4-13 所示。

图 4-13　多重修整视频窗口

在"多重修整视频"窗口中,可以设定需要选取视频的"起始点"和"结束点"以确定截取视频的范围;可以设置多个"起始点"和"结束点"。该窗口中设置的"反转选取"功能可以让视频素材的选区范围和未选区范围方便地互换。在设定好需要截取的范围后,单击"确定"按钮,即可完成视频的截取操作。

2. 调整视频的回放速度

在影片制作中,经常有部分视频片段需要进行特殊的播放速度调节,以强调该片段或者造成特殊的视觉冲击,会声会影 X2 中可以通过调节视频的回放速度来实现播放速度的调节。

在视频参数设置窗口中单击"回放速度"选项,打开回放速度设置窗口,如图 4-14 所示。可以设置视频素材的回放速度为正常播放速度的 10%～1 000%。

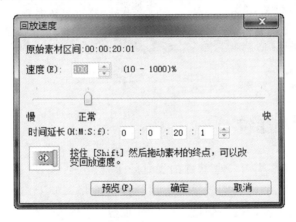

图 4-14 回放速度设置窗口

除了截取视频片段、调整视频回放速度等常见的视频编辑操作以外,会声会影 X2 还支持反转视频、色彩校正和保存为静态图像等视频编辑操作。

3. 变形素材

在影片制作中,有些视频片段需要进行特殊的变形处理,以达到特殊的视觉效果,会声会影 X2 中可以通过选中属性面板中的"变形素材"复选框来调整,如图 4-15 所示。

图 4-15 属性面板

4. 图像素材的摇动和缩放设置

在影片制作中,有些图像素材需要进行特殊的处理,以达到特殊的视觉效果,会声会影 X2 中可以通过选中图像参数设置面板中的"摇动和缩放"单选按钮来调整,如图 4-16 所示。

图 4-16　图像参数设置面板

4.2.4　添加视频滤镜

在影视作品中,往往需要一些特殊的视觉效果,会声会影 X2 提供了多种类型滤镜效果对素材进行美化。添加的滤镜效果会应用到素材的每一帧上,通过调整滤镜的属性可以控制第一帧到最后一帧的滤镜强度、速度、效果等。

1. 添加滤镜

插入素材后,单击"画廊"按钮,在弹出的下拉列表中选择"视频滤镜",在"视频滤镜"子菜单中选择需要的类型,然后在打开的素材库中拖动想要的滤镜效果到素材上。同一个素材可以添加多种滤镜效果,其方法为:双击时间轴上需要加滤镜效果的素材,打开属性面板,如图 4-17 所示,取消选中"替换上一个滤镜"复选框,就可以为素材添加多个滤镜。

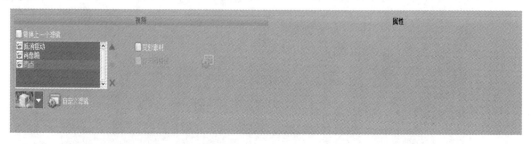

图 4-17　滤镜属性面板

2. 删除滤镜

在属性面板中的滤镜列表中选择要删除的滤镜，单击右下方的"删除滤镜"按钮即可。

3. 替换滤镜

在属性面板中选中"替换上一个滤镜"复选框，在素材库中选择新滤镜拖动到素材上即可。

4. 设置滤镜

对于已经添加的某些滤镜还可以通过设置参数，使其效果更佳。在属性面板上单击滤镜列表左下方的下三角形按钮，可以选择预设的滤镜样式。还可以单击"自定义滤镜"按钮，打开相应滤镜的参数设置对话框，设置不同的参数可以有不同的效果。

4.2.5 添加转场效果

在影视作品中，一段视频结束，另一段视频紧接着开始，成为镜头切换或者转场。一部精彩的影视作品常常有多个片段，为了使片段之间的切换衔接自然或者更加生动有趣，一般使用转场特技来实现。

会声会影 X2 中的转场效果主要通过"效果"步骤选项来实现。单击"步骤"选项组中的"效果"步骤选项，进入"效果"设计界面，如图 4-18 所示。

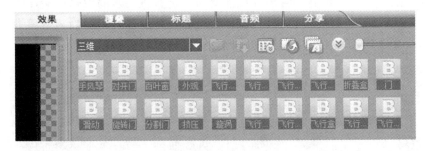

图 4-18 转场效果窗口

添加转场效果的方法是在效果窗口中选中需要添加的转场效果，然后拖动到时间轴窗口的视频轨道上。此时注意，转场效果一定要拖动到视频轨道上的两个视频素材衔接的位置，转场效果才会有效，如图 4-19 所示。

图 4-19 添加了转场效果的视频轨道

可以对添加的转场效果进行编辑操作。删除转场效果的方法：首先选中需要删除的转场效果，然后按"Delete"键，删除转场效果。或者在转场效果上单击鼠标右键，在弹出的快捷菜单中选择"删除"命令，即可删除转场效果。如果需要调整转场效果的特效，就在时间轴窗口上选中该转场效果，此时出现转场效果参数设置窗口，如图4-20所示。不同的转场效果对应不同的参数设置窗口。可以在该参数设置窗口中调整转场的效果。

图 4-20　三维旋转门转场效果参数设置窗口

4.2.6　音频编辑

在影片制作中，导入的音频片段往往需要对其进行进一步的编辑调整，以达到影片制作的要求。会声会影 X2 提供了独立的音频参数设置窗口来支持对音频素材的编辑操作，此窗口在单击时间轴上的音频素材后出现，如图4-21所示。

图 4-21　音乐与声音参数设置窗口

1. 添加淡入淡出效果

首先选中需要添加淡入淡出效果的音频素材片段，然后单击音乐与声音参数设置窗口中的"淡入"按钮或者"淡出"按钮，即可完成对音频素材添加淡入淡出效果的编辑操作。

2. "音频视图"选项

单击"音频视图"选项，弹出环绕混音设置窗口，如图4-22所示。

第 4 章　视频处理技术

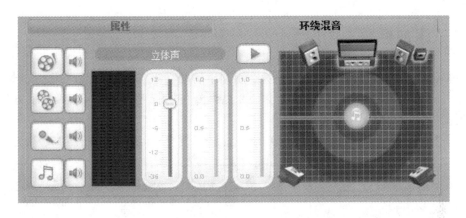

图 4-22　环绕混音参数设置窗口

在环绕混音设置窗口中可以设置选定音频素材的音量，并且时间轴窗口中音频素材同时转变为编辑状态，如图 4-23 所示。音频素材分为上下两个部分，下半部分为音频素材对应的波形图，上半部分为音频素材的音量图。

图 4-23　时间轴音频素材

使用鼠标左键单击红线，可以添加关键点，拖动关键点，可以调节对应位置的音量大小。向上拖动，增大该点音量；向下拖动，减小该点音量。

3. 音频滤镜

单击"音频滤镜"选项，弹出"音频滤镜"对话框，如图 4-24 所示。

图 4-24　"音频滤镜"对话框

可以在"音频滤镜"对话框中为选中的音频素材添加滤镜效果。

4.2.7 添加标题

在影片制作中,经常在开头或结尾处,用到滚动的文字来传递信息;在影片的情节中,需要对白的文字等传递信息。会声会影 X2 提供专门的标题设计窗口,可以很方便地实现标题文字设计功能。

单击"步骤"选项组中的"标题"选项卡,进入"标题"设计界面,如图 4-25 所示。

图 4-25　标题设计窗口

在标题设计窗口中选择需要的"标题"设计模板,用鼠标拖动到时间轴窗口中的"标题"轨道上,如图 4-26 所示。

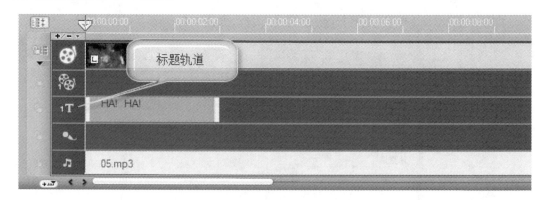

图 4-26　"标题"轨道

1. 编辑标题文字

双击"标题"轨道上的标题素材,打开标题素材相对应的文字编辑窗口,如图 4-27 所示。在文本框中,可以选中当前标题文本进行修改,也可以输入新的标题文本。

图 4-27 标题文字编辑窗口

2. 标题文本参数设置

双击"标题"轨道上的标题素材,打开标题素材相对应的标题参数设置窗口,如图 4-28 所示。可以设置标题文本的显示时间、文本字体、文本大小、文本颜色、文本背景、文本对齐方式等参数。

图 4-28 标题参数设置窗口

3. 给标题添加动画效果

在影片的文本素材应用中,有时候需要给文本添加各种动作特效,以增强显示效果。双击"标题"轨道上的标题文本素材,然后选择"动画"选项卡为标题文本设置相应的标题文本动画效果,如图 4-29 所示。

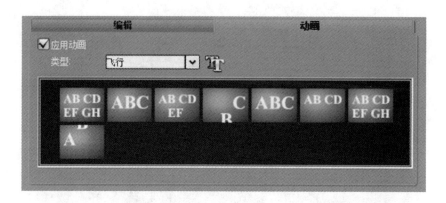

图 4-29　标题文本动画效果设置窗口

标题文本动画类型有淡入、弹出、翻转、飞行、缩放、下降、摇摆和移动路径等多种类型,选择任何一种类型后,下面窗口中出现与该类型对应的不同动画变化效果。

4.2.8　视频输出

影片编辑完成后,需要最终输出发行。会声会影 X2 的"分享"选项卡支持多种视频输出功能,单击"分享"选项卡,弹出相应的视频输出选项,如图 4-30 所示。

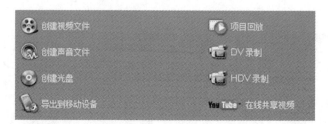

图 4-30　"分享"选项卡

"创建视频文件"选项:把当前编辑好的影片作为视频文件输出。视频格式涵盖了目前的绝大部分视频文件格式。

"创建声音文件"选项:为此视频创建单独的音频文件。

"创建光盘"选项:打开光盘制作向导,包括 VCD、DVD、SVCD、Blu-ray、AVCHD 等光盘类型,把当前影片直接制作为光盘作品。

"导出到移动设备"选项:将视频文件导出到移动设备。

"项目回放"选项:在计算机或者外部设备上回放整个项目。

"DV 录制"选项:把视频素材库中选中的视频输出到 DV 摄像机中。

"HDV 录制"选项:把视频素材库中选中的视频输出到 HDV 摄像机中。

"在线共享视频"选项:在线上传并共享编辑好的视频。

例 4.2 使用会声会影 X2 软件,制作电子相册。

(1) 启动会声会影 X2 软件,并导入图像素材 01.jpg、02.jpg、03.jpg、04.jpg 以及音频素材 05.mp3,把图像素材按顺序拖动到时间轴窗口的视频轨道,音频素材拖动到时间轴窗口的"音频"轨道,如图 4-31 所示。

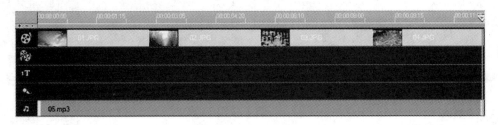

图 4-31 时间轴窗口

(2) 单击"标题"步骤选项,选择合适选项拖动到"标题"轨道,并修改文字为"电子相册",如图 4-32、图 4-33 所示。

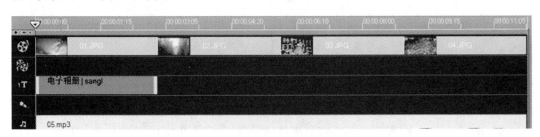

图 4-32 时间轴窗口

图 4-33 电子相册标题

(3) 为"视频"轨道添加转场效果,单击"效果"选项卡,选择其中的"三维"效果,在其包含的各种三维选项中选择合适转场效果,分别添加到 4 个图像素材的衔接位置,得到转场效果,如图 4-34 所示。

图 4-34　添加转场效果

(4) 输出电子相册视频文件,单击"分享"选项卡,选择"创建视频文件"选项,在弹出的菜单中选择"HDV720P-25P(for PC)"(注:也可以根据自己的需要选择不同的格式),弹出"创建视频文件"对话框,如图 4-35 所示。选择视频输出位置和文件名,单击"保存"按钮,即可完成电子相册视频创建。

(5) 播放电子相册视频,如图 4-36 所示。

注意:如果在制作电子相册时,照片太多,逐个设置转场效果太麻烦,可以在创建好项目以后,先进行参数设置。具体操作为:使用"文件"→"参数选择"菜单命令,弹出参数选择对话框,选择"编辑"选项卡,如图 4-37 所示。在其中可以设置"插入图像/色彩素材的默认区间",即每幅照片的显示时间,还可以对转场效果进行设置,设置转场效果的播放时间和转场效果方式。

图 4-35　"创建视频文件"对话框

图 4-36　播放效果

第 4 章 视频处理技术

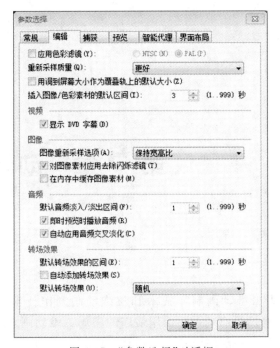

图 4-37 "参数选择"对话框

第 5 章　动画制作技术

动画制作技术分为二维动画制作技术和三维动画制作技术。目前网页上流行的 Flash 动画属于二维动画。最有魅力并运用最广的当属二维动画，包括动画制作大片、电视广告片头、建筑动画等。一部好作品除了要有好的脚本、经验丰富的导演之外，具有魅力的人物造型是使作品更吸引人的重要因素。因此，绘画和美工是动画制作人员不可或缺的技能之一。

5.1　Flash 动画概述

Flash 是美国的 Macromedia 公司于 1999 年 6 月推出的优秀网页动画设计软件。它是一种交互式动画设计工具，利用它可以将音乐、声效、动画以及富有创意的界面融合在一起，制作出高品质的网页动态效果。

Flash 动画设计的 3 大基本功能是整个 Flash 动画设计知识体系中最重要、也是最基础内容，包括绘制与编辑图形、补间动画和遮罩。Flash 动画说到底就是"遮罩＋补间动画＋逐帧动画"与元件(主要是影片剪辑)的混合物，通过这些元素的不同组合，可以创建千变万化的动画效果。

5.1.1　Flash 动画的形成

在现实生活中，所有的动画，包括 Flash 动画都是一个原理——快速连续播放静止的图片，利用人的视觉暂留原理，给人眼产生的错觉就是画面会连续动起来。那些静止的图片叫作帧。播放速度越快,动画越流畅。电影胶片的播放速度就是 25 帧/秒,电视是 24 帧/秒。

由此可知,产生动画最基本的元素就是那些静止的图片,即帧。所以怎样生成帧就是制作动画的核心。而用 Flash 做动画也是这个道理——时间轴上每个小格其实就是一个帧。按理说,每一帧都是需要制作的,但 Flash 能根据前一个关键帧和后一个关键帧自动生成中间的帧,而不用人为的刻意制作,这就是 Flash 制作动画的原理。

5.1.2　Flash 动画的特点

(1) 动画短小:Flash 动画受网络资源的制约一般比较短小,但绘制的画面是矢量格式,无论把它放大多少倍都不会失真。

(2) 交互性强:Flash 动画具有交互性优势,可以通过单击、选择等动作决定动画的运行过程和结果,是传统动画所无法比拟的。

(3) 具有广泛传播性:Flash 动画由于文件小、传输速度快、播放采用流式技术的特点,可以在网上供人欣赏和下载,具有较好的广泛传播性。

(4) 轻便与灵巧:Flash 动画有崭新的视觉效果,成为一种新时代的艺术表现形式。Flash 动画比传统的动画更加轻便与灵巧。

(5) 人力少,成本低:Flash 动画制作的成本非常低,使用 Flash 制作的动画能够大大地减少人力、物力资源的消耗。同时,在制作时间上也会大大减少。

5.1.3　Flash 动画的应用范围

Flash 不仅仅是一款用来制作网页动画的软件。Flash 发展到今天,其功能已经变得非常强大了。对专业的动画设计师来说,Flash 是一个完美的工具,可以用来制作交互式媒体网页或者相关的专业开发多媒体内容,它强调对多种媒体(如音频、录像、位图、矢量、文本和数据等)的导入和控制。Flash 还提供有项目管理工具来协调一个团队的设计开发,使其达到最高的工作效率。外部脚本和处理数据库的动态数据能力使得 Flash 特别适合于大规模的复杂项目。主要应用范围有 Flash 动画短片、Flash 游戏、Flash MV、开发网站、教学课件等领域。

5.1.4　Flash 的基本概念

1. 矢量图和位图

(1) 矢量图。

矢量图是用包含颜色和位置属性的直线或曲线公式来描述图像的。它与分辨率无关。它的最大优点就是所占空间极少,无论放大多少倍,都不会产生失真现象。对矢量图的编辑,就是在修改描述图形形状的属性。矢量图不宜制作色调丰富或者色彩变化太多的图形,而且绘制出来的图形无法像位图那样精确地描绘各种绚丽的景象。

(2) 位图。

位图通过像素点来记录图像。位图的大小和质量取决于图像中的像素点的多少,位图的存储容量也大。存储位图图像实际上是存储图像的各个像素的位置和颜色数据等信息。位图的优点在于表现力强、细腻、层次多、细节多。对位图放大时,实际是对像素的放大,因此放大到一定程度时会出现马赛克现象。

2. Flash 场景、舞台、帧

(1) 场景和舞台。

一个影片可以拥有任意多个场景。场景具有先后顺序排列的特点。各个场景彼此相互独立,各不干扰,每个场景都有独立的图层和帧。

舞台相当于舞台剧中的舞台。动画最终只显示场景中白色区域中的内容及舞台中的内容。就如同演出一样,无论在后台做多少准备工作,最后呈现给观众的只能是舞台上的表演。

(2) 帧。

在 Flash 动画中随时间产生动画效果的单元是帧,是进行 Flash 动画制作的最基本的单位。

Flash 中主要有 4 种帧,即关键帧、空白关键帧、普通帧和过渡帧。

5.1.5 Flash 的制作步骤

一个好的作品都必须有一个严格的制作流程,Flash 作品制作一般按照以下流程设计。

(1) 熟悉制作 Flash 的相关软件。

(2) 确定主题和准备素材。

(3) 充分发挥想象,改变思维模式。

(4) 开始具体的制作动画过程、新建元件、设计场景。

(5) 发布和浏览动画。

(6) 测试和保存动画。

5.2 认识 Flash CS6

Adobe Flash CS6 是用于创建动画和多媒体内容的强大的创作平台。Adobe Flash CS6 在台式计算机和平板电脑、智能手机和电视等多种设备中都能呈现一致效果的互动体验。下面介绍 Adobe Flash CS6 的窗口组成和 Flash 文件的操作。

5.2.1 Flash CS6 欢迎界面

双击桌面 Flash CS6 快捷图标，或使用"开始"→"所有程序"→"Adobe"→"Adobe Flash CS6"菜单命令，出现 Flash CS6 初始欢迎界面，如图 5-1 所示。在舞台的下方和右侧分别排列有一些常用的面板。

图 5-1　Flash CS6 初始欢迎界面

单击 Flash CS6 初始欢迎界面中"新建"选项中的 ActionScript 3.0 选项，即可新建一个 Flash 文档，打开 Flash CS6 的工作界面，如图 5-2 所示。

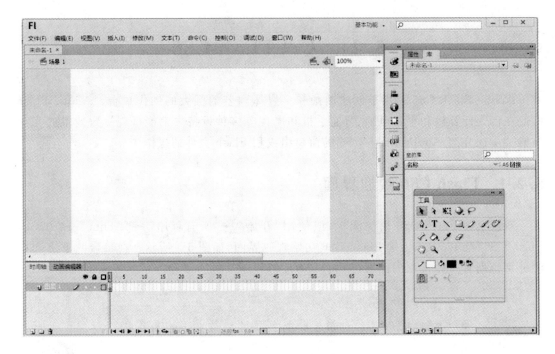

图 5-2 工作界面

5.2.2 Flash CS6 菜单栏

Adobe Flash CS6 菜单栏是最平常的界面要素,它提供包括文件、编辑、视图、插入、修改、文本、命令、控制、窗口和帮助等一系列的菜单,如图 5-3 所示。根据不同的功能类型,可以快速地找到所要使用的各项功能选项。例如,"文件"菜单中提供了对文件操作的命令,"修改"菜单中提供了对象操作的命令等。

图 5-3 Flash CS6 菜单栏

5.2.3 主工具栏

为了方便用户使用,Flash CS6 把一些常用的命令以按钮的形式组织到一起。使用"窗口"→"工具栏"→"主工具栏"菜单命令,可以调出主工具栏,其中显示了一些常用的命令按钮,如图 5-4 所示。另外,还可以通过拖曳改变常用按钮的位置。

图 5-4　Flash CS6 主工具栏

5.2.4　编辑栏

使用"窗口"→"工具栏"→"编辑栏"菜单命令,即可弹出编辑栏。编辑栏中包括了"退回编辑"按钮、当前场景名称、"编辑场景"按钮、"编辑元件"按钮和场景缩放的下拉列表框。编辑栏用来控制场景以及场景中的对象,图 5-5 显示的是当前视图的编辑状态:当前视图为场景 1 中的元件 1,视图大小为 100%。

图 5-5　当前视图的编辑状态

5.2.5　工具面板

Flash CS6 工具面板中提供了常用到的基本工具。工具面板位于工作界面的右侧,可以根据需要拖动适合的位置。工具面板又可分为工具、查看、颜色、选项 4 个不同功能的区域。使用"窗口"→"工具"菜单命令或者按"Ctrl+F2"快捷键,可以打开或关闭工具面板,如图 5-6 所示。可以利用鼠标拖曳改变其位置。

图 5-6　Flash CS6 工具面板

(1) 工具面板中的工具按钮。

"选择工具"—⬚：选择和移动舞台中的对象，改变对象的大小和形状。

"部分选取工具"—⬚：从选中对象中再选择部分内容。

"任意变形工具"—⬚：对图形进行缩放、扭曲和旋转变形。

"3D 旋转工具"—⬚：对影片剪辑实例添加的 3D 透视效果进行编辑。

"套索工具"—⬚：用于在舞台中选择不规则区域或多个对象。

"钢笔工具"—⬚：绘制更加精确、光滑的曲线，调整曲线曲率等。

"文本工具"—⬚：用于创建和编辑字符对象和文本表单。

"线条工具"—⬚：用于绘制各种长度和角度的直线段。

"矩形工具"—⬚：绘制矩形的矢量色块或图形。

"铅笔工具"—⬚：绘制任意形状的曲线矢量图形。

"刷子工具"—⬚：绘制任意形状的色块矢量图形。

"Deco 工具"—⬚：可以将创建的图形形状转换为复杂的几何图案。

"骨骼工具"—⬚：骨骼工具就像 3D 软件一样，可为动画角色添加骨骼，可以很轻松地制作出各种动作的动画。

"颜料桶工具"—⬚：改变填充色块的色彩属性。

"滴管工具"—⬚：将舞台中已有对象的一些属性赋予当前绘图工具。

"橡皮擦工具"—⬚：擦除工作区中正在编辑的对象。

(2) 查看区域中的工具按钮。

"手形工具"—⬚：通过鼠标拖曳来移动舞台画面，以便更好地观察。

"缩放工具"—⬚：可以改变舞台画面的显示比例。

(3) 颜色区域中的工具按钮。

"笔触颜色工具"—⬚：选择图形边框和线条的颜色。

"填充颜色工具"—⬚：选择图形中要填充的颜色。

5.2.6 时间轴面板

对于 Flash CS6，时间轴至关重要，可以说时间轴是动画的灵魂。只有掌握时间轴的操作和使用方法,制作动画时才能得心应手。

使用"窗口"→"时间轴"菜单命令,或者按"Ctrl＋Alt＋T"快捷键,可以打开或者关闭时间轴面板,如图 5-7 所示。

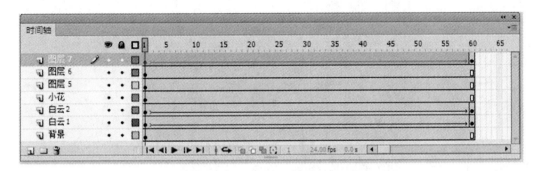

图 5-7　Flash CS6 时间轴面板

Flash CS6 时间轴用于组织和控制文档内容在一定时间内播放的图层数和帧数。与胶片一样,Flash 文件也将时长分为帧。图层就像是堆叠在一起的多张幻灯胶片,每个图层都包含一个显示在舞台中的不同图像。时间轴的主要组件是图层、帧和播放头。

文档中的图层列在时间轴左侧的列中。每个图层中包含的帧显示在该图层名右侧的一行中。时间轴顶部的时间轴标题指示帧编号。播放头指示当前在舞台中显示的帧。播放 Flash 文件时,播放头从左向右通过时间轴。时间轴状态显示在时间轴的底部,可显示当前帧频、帧速率,以及到当前帧为止的运行时间。

5.2.7　属性检查器面板

在 Flash CS6 中,属性检查器面板位于工作界面的右侧,用于显示或更改当前动画文档、文本、元件、形状、位图、视频、组帧或工具的相关信息和设置。根据所选对象的不同,该面板中显示的内容也不相同。

使用"窗口"→"属性"菜单命令或按"Ctrl＋F3"快捷键,可以打开属性检查器面板,如图 5-8 所示。

当选中工作区中某个对象后,属性检查器面板中会立即显示该对象相应的属性,然后可直接通过该面板修改对象属性,如图 5-8 所示。

图 5-8 属性检查器面板

5.2.8 库面板

在库面板中可以方便快捷地查找、组织以及调用资源,库面板提供有动画中数据项的许多信息。库中存储的元素被称为"元件"或"演员",可以重复利用。元件一般包括"影片剪辑"、"按钮"和"图形"3 种,其具体概念和使用方法将在后面的章节中介绍。

使用"窗口"→"库"菜单命令,或按"F11"键,即可打开库面板,如图 5-9 所示。

使用"窗口"→"公用库"菜单命令,其含有"学习交互"、"按钮"和"类"3 个子菜单。选择其中的一个子菜单,打开外部公用库面板,如图 5-10 所示。

第 5 章　动画制作技术

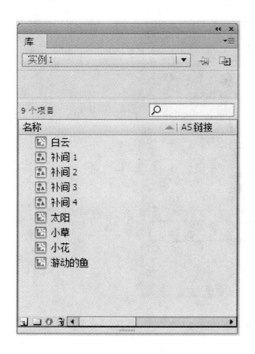

图 5-9　Flash CS6 库面板　　　　　　　图 5-10　Flash CS6 外部公用库面板

5.2.9　颜色面板

使用"窗口"→"颜色"菜单命令，或按"Alt＋Shift＋F9"快捷键，即可打开颜色面板，如图 5-11 所示。使用颜色面板可以创建和编辑纯色以及透明度等。

（1）设置纯色。

在"类型"下拉列表框中选择"纯色"选项，在 R、G、B 3 个数值框中输入数值，即可设定和编辑颜色。在选择了一种基本色后，还可以调节黑色小三角形的位置进行进一步的颜色选择。

在"A（Alpha）"数值框中可以设置对象的透明度，数值为 100％时，对象为不透明的；数值为 0％时，对象为完全透明的。这是一种重要的对象编辑方法，其具体的应用将在后面的内容中介绍。

（2）设置渐变。

在"类型"下拉列表框中可以看到有两种渐变方式："线性"渐变和"放射状"渐变。"线性"渐变的颜色变化是直线变化；"放射状"渐变是从内到外的扩散式变化，并且还可以随意地改变渐变的颜色和渐变的幅度，如图 5-11 所示。具体的设置方法将在后面的内容中详细介绍。

图 5-11　Flash CS6 颜色面板

(3) 位图填充。

在"类型"下拉列表框中选择"位图填充"选项,打开"导入到库"对话框,如图 5-12 所示。在对话框中找到并选择要填充的位图图片,单击"打开"按钮,将其导入到颜色面板中,如图 5-13 所示。选择要填充的对象,导入的位图图片即成为对象填充位图。

图 5-12　"导入到库"对话框

图 5-13　导入位图

5.3　Flash CS6 文件基本操作

Flash CS6 文件基本操作主要包含：Flash CS6 新文件的建立；Flash CS6 文件的保存；Flash CS6 文件的关闭和打开。

5.3.1　Flash CS6 文件的新建

制作 Flash 动画作品之前必须新建一个 Flash 文件，这也是制作动画的第一步，通常新建 Flash 文件有以下 3 种方法。

(1) 启动 Flash CS6，出现如图 5-14 所示的 Flash CS6 欢迎界面，在"新建"栏中单击"Flash 文件(ActionScript 3.0 或 ActionScript 2.0)"选项，即可新建一个 Flash 文件。

图 5-14　Flash CS6 欢迎界面

(2) 单击主工具栏中的"新建"按钮，也可创建一个 Flash 文件，如图 5-15 所示。

(3) 使用"文件"→"新建"菜单命令，或按"Ctrl+N"快捷键，打开"新建文档"对话框，选择"Flash 文件"选项，单击"确定"按钮即可。在"新建文档"对话框中单击"模板"选项，在其中选择相应的模板类型，这里选择"广告"选项中的"120×240（横幅）"，如图 5-16 所示，单击"确定"按钮，也可新建一个基于模板的 Flash 文件。

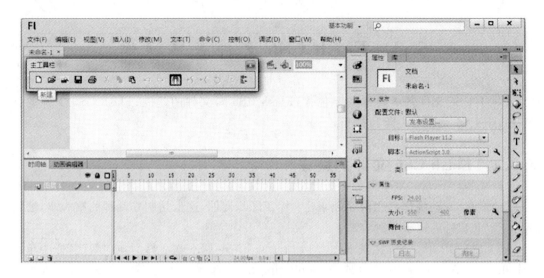

图 5-15 "新建"按钮

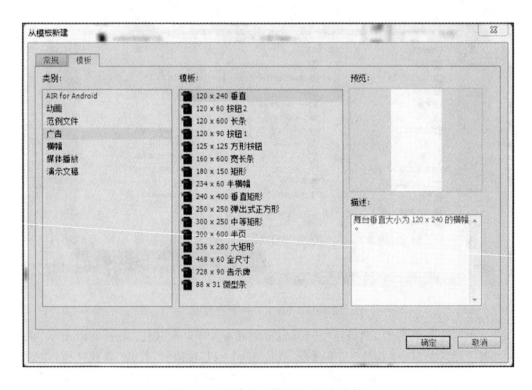

图 5-16 新建基于模板的 Flash 文件

5.3.2　保存 Flash CS6 文件

对于制作过程中的 Flash CS6 文件,要不间断地进行保存,便于当软件或计算机出现异常时 Flash 文件的数据不丢失。制作完 Flash 文件,也应将其保存起来,便于以后使用。保存 Flash 文件有以下两种方法。

（1）使用"文件"→"保存"菜单命令,或按"Ctrl+S"快捷键。如果用户之前并未保存过此文档,那么将打开如图 5-17 所示的"另存为"对话框,选择保存的位置,为文档命名并选择保存类型后,单击"保存"按钮即可。

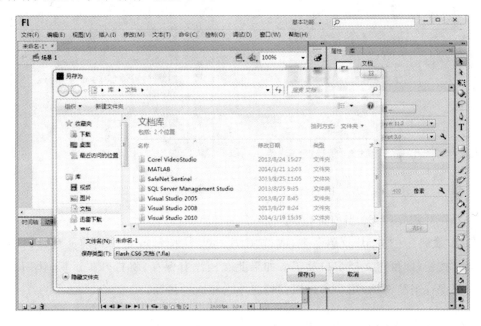

图 5-17　"另存为"对话框

（2）单击主工具栏中的"保存"按钮。具体保存方法与"保存"菜单命令相同。

5.3.3　关闭 Flash CS6 文件

当不需要使用当前的动画文件时,需要将其关闭,关闭 Flash 有"关闭软件"和"关闭当前文档"两方面。

（1）关闭 Flash CS6 软件。

使用"文件"→"退出"菜单命令或按"Ctrl+Q"快捷键,或单击 Flash CS6 软件窗口右上角的"关闭"按钮,都可以退出应用程序。如果此文档没有保存,将打开如图 5-18 所示的提示框,让用户确认是否需要保存当前文档,用户可以根据情况单击相应的按钮。

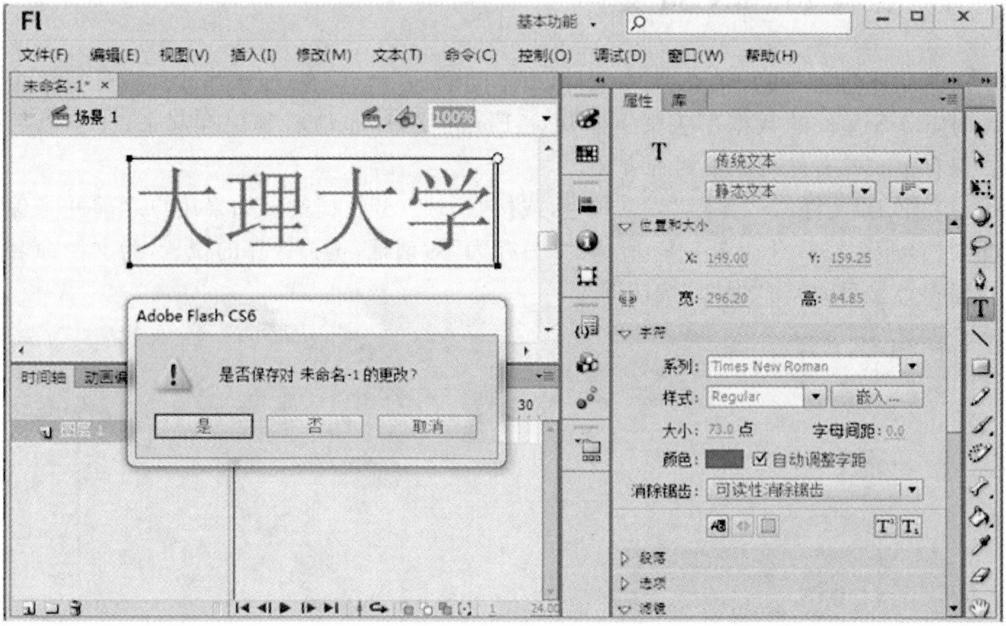

图 5-18 Flash CS6 关闭提示对话框

(2) 关闭 Flash CS6 当前文档。

使用"文件"→"关闭"菜单命令,或按"Ctrl+W"快捷键或单击当前文档窗口右上角的"关闭"按钮,即可将文档窗口关闭。如果此文档没有保存,将打开提示框,让用户确认是否需要保存当前文档,用户可以根据情况单击相应的按钮。

5.3.4　打开 Flash CS6 文件

如果要编辑或查看一个已有的 Flash CS6 文件,只需要打开此 Flash CS6 文件即可。打开 Flash 文件有以下两种方法。

(1) 使用"文件"→"打开"菜单命令,或按"Ctrl+O"快捷键,打开如图 5-19 所示的"打开"对话框,然后在"查找范围"下拉列表框中选择要打开的文档所在的位置,再在"文件名"下拉列表框中输入要打开文档的文件名,或直接在列表中选中要打开的文件图标,最后单击"打开"按钮即可。

(2) 单击主工具栏中的"打开"按钮,具体操作方法与"打开"菜单命令相同。

图 5-19 "打开"对话框

5.4 Flash CS6 动画制作基础

Flash CS6 中帧、图层、元件的概念是动画中最基本的元素,也是学习动画制作的基础。元件对文件的大小和交互能力起着重要作用。任何一个复杂的动画都是借助元件完成的。元件存储在元件库中,不仅可以在同一个 Flash 作品中重复使用,也可以在其他 Flash 作品中重复使用。当把元件从元件库中拖至舞台时,实际上并不是把元件自身放置于舞台上,而是在舞台上创建了一个被称为实例的元件副本,因此可以在不改变原始元件的情况下,多次使用和更改元件实例。如果把一个 Flash 作品比作一个晚会的话,Flash 中的场景就相当于晚会的舞台,而元件就相当于舞台中的各种"演员"。

5.4.1 Flash CS6 中帧的类型

Flash CS6 帧分为两类:普通帧和关键帧。

1. 普通帧

在动画制作中,经常在关键帧后插入一些普通帧,其内容与这一关键帧的内容完全相同,其目的是用来延长动画的播放时间。如图 5-20 所示,从图中可以看出小球播放的帧是 120 帧,如果当前帧频是 12 帧/秒的话,那么小球在"场景 1"中停留的时间就是 10 秒。

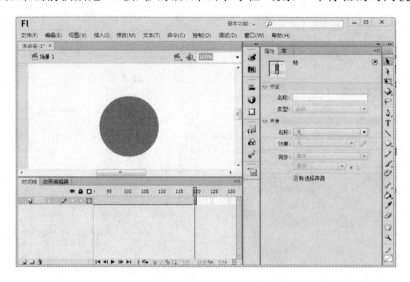

图 5-20　Flash CS6 普通帧面板

2．关键帧

任何动画要表现运动或变化,至少前后要给出两个不同的关键状态,而中间状态的变化和衔接可以自动完成,在 Flash 中,表示关键状态或者内容的帧叫做关键帧。

不同动画关键帧的表现形式如下。

(1) 关键帧:在时间轴上以实心黑色小圆点作为标志。如图 5-21 所示的第 100 帧就是关键帧。

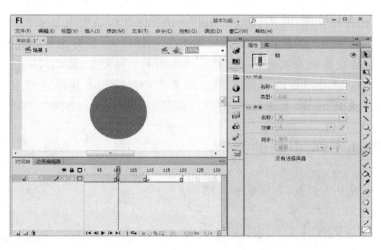

图 5-21　Flash CS6 关键帧面板

(2)空白关键帧:在时间轴上以空心小圆圈作为标志,其对应的舞台上编辑内容为空。如图 5-22 所示的第 110 帧就是空白关键帧。

图 5-22　Flash CS6 空白关键帧面板

(3)名称标签帧:关键帧上带一个小红旗,此帧为名称标签帧。如图 5-23 所示第 100 帧上的小红旗,表示第 100 帧就是名称标签帧。

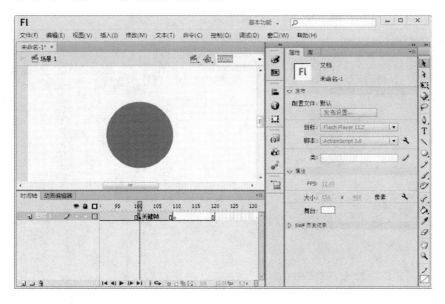

图 5-23　Flash CS6 名称标签帧

（4）包含动作语句帧：关键帧上有符号 a 标志，此帧为包含动作语句帧。如图 5-24 所示的第 20 帧上就有一个 stop() 动作。

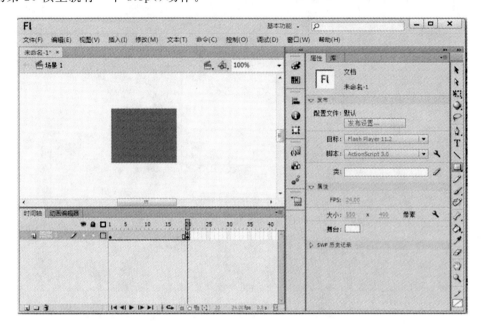

图 5-24　Flash CS6 包含动作语句帧

（5）补间错误帧：两关键帧间用虚线连接，表示补间动画创建不成功。补间成功用黑色实线箭头表示。如图 5-25 所示，黑色箭头就表示补间成功。

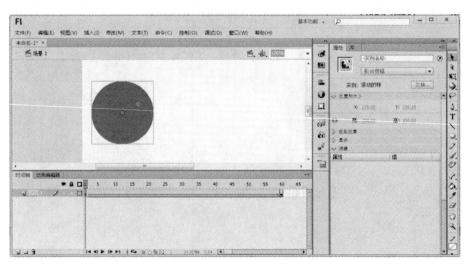

图 5-25　Flash CS6 补间成功示意图

5.4.2 Flash CS6 中帧的操作

Flash CS6 中帧的操作包括帧的插入、帧的选择、帧的删除、帧的编辑、帧的移动、帧的复制、帧的翻转、设置帧频等操作。具体操作的时候可以用鼠标,也可用菜单项来完成。

1. 插入帧

在 Flash CS6 中插入帧、关键帧、空白关键帧都可以用鼠标、菜单和快捷键来完成。

2. 插入普通帧

插入普通帧的方法如下。

(1) 在时间轴上需要创建帧的位置单击鼠标右键,在弹出的快捷菜单中选择"插入帧"命令,将会在当前位置插入一个普通帧。

(2) 选择需要创建的帧,使用"插入"→"时间轴"→"帧"菜单命令。

(3) 在时间轴上选择需要创建的帧,按"F5"键。

3. 插入关键帧

插入关键帧的方法如下。

(1) 在时间轴上需要创建帧的位置单击鼠标右键,在弹出的快捷菜单中选择"插入关键帧"命令,将会在当前位置插入一个关键帧。

(2) 选择需要创建的帧,使用"插入"→"时间轴"→"关键帧"菜单命令。

(3) 在时间轴上选择需要创建的帧,按"F6"键。

4. 插入空白关键帧

插入空白关键帧的方法如下。

(1) 在时间轴上需要创建帧的位置单击鼠标右键,在弹出的快捷菜单中选择"插入空白关键帧"命令,将会在当前位置插入一个空白关键帧。

(2) 选择需要创建的帧,使用"插入"→"时间轴"→"空白关键帧"菜单命令。

(3) 在时间轴上选择需要创建的帧,按"F7"键。

5. 选择帧

选择帧的方法如下。

(1) 需选择单个帧时,单击需选中的帧。

(2) 需选择多个不相邻的帧时,按下"Ctrl"键,再单击其他帧。

(3) 需选择多个相邻的帧时,按下"Shift"键,再单击选择范围的开始帧和末尾帧。

(4) 需选择时间范围所有的帧时,使用"编辑"→"时间轴"→"选择所有帧"菜单命令。

6. 删除帧

删除帧的方法如下。

(1) 在需删除的帧上单击鼠标右键,在弹出的快捷菜单中选择"删除帧"命令,当前帧将被删除。

(2) 在需删除的帧上单击鼠标右键,在弹出的快捷菜单中选择"清除帧"命令,当前帧将变为一空白关键帧。

(3) 选中需删除的帧,然后使用"编辑"→"时间轴"→"删除帧"菜单命令,当前帧将被删除。

7. 移动帧

直接用鼠标将选中的帧或者帧序列拖动到所需位置。

在需移动的关键帧上单击鼠标右键,在弹出的快捷菜单中选择"剪切帧"命令,然后在目标位置单击鼠标右键,在弹出的快捷菜单中选择"粘贴帧"命令。

8. 复制帧

复制帧的方法如下。

(1) 按下"Alt"键,将要复制的关键帧拖动到目标位置,即可完成复制操作。

(2) 在需要移动的关键帧上单击鼠标右键,在弹出的快捷菜单中选择"复制帧"命令,然后在目标位置单击鼠标右键,在弹出的快捷菜单中选择"粘贴帧"命令。

9. 翻转帧

选择需翻转的帧序列,单击鼠标右键,在弹出的快捷菜单中选择"翻转帧"命令。

10. 设置帧频

设置帧频的方法如下。

(1) 使用"修改"→"文档"菜单命令,将会弹出"文档属性"对话框,在帧频标签后的文本框中输入所需设定的帧频,按"Enter"键。

(2) 双击时间轴状态栏上的"帧速率"选项,弹出"帧速率"输入框,输入帧频,按"Enter"键。

(3) 在空白区域中单击,使得鼠标未选择任意对象,直接在属性对话框中修改帧频。

5.4.3 Flash CS6 图层的操作

Flash CS6 图层的操作包括创建图层、选择图层、编辑图层、删除图层、重命名图层、修改图层的属性等操作。具体操作的时候可以用鼠标,也可用菜单项来完成。

(1) 创建图层。

◆ 用鼠标单击图层窗口左下角的"新建图层"按钮,即可在当前图层上方创建一个新图层。

◆ 使用"插入"→"时间轴"→"图层"菜单命令。

◆ 右击时间轴中的任何一个层,在弹出的快捷菜单中选择"插入图层"命令。

(2) 选择图层。

◆ 选择单个图层：单击需要选择的图层。

◆ 选择多个不相邻的图层：按下"Ctrl"键单击其他图层。

◆ 选择多个相邻的图层：按下"Shift"键单击选择范围的开始图层和末尾图层。

(3) 移动图层。

选中要移动的图层，按住鼠标左键拖动，此时出现一条横线，然后向上或向下拖动，当横线到达图层需放置的目标位置释放鼠标即可。

(4) 删除图层。

◆ 选择需要删除的图层，单击"删除"按钮。

◆ 选择需要删除的图层，拖动鼠标至"删除"按钮后释放。

◆ 在需要删除的图层上单击鼠标右键，在弹出的快捷菜单中选择"删除图层"命令。

(5) 重命名图层。

◆ 用鼠标双击某个图层，即可对图层名进行编辑。

◆ 双击图层名前的按钮，弹出"图层属性"对话框，在"名称"标签后的文本框中输入新的图层名，单击确定即可。

(6) 图层的属性。

◆ 可编辑状态：单击对应图层名即可切换到可编辑状态。

◆ 显示、隐藏图层：单击对应图层的"显示/隐藏"按钮即可切换图层的显示、隐藏状态。

◆ 锁定、解锁图层：单击对应图层的"锁定/解除锁定"按钮即可切换图层的锁定、解锁状态。

5.4.4 Flash CS6 中的元件

Flash CS6 中的元件就相当于舞台中的各种"演员"，一般分为以下 3 种元件类型。

(1) 图形元件。

图形元件可以包含文字内容和图像内容，它有自己独立的场景和时间轴，常常用于静态的图形或简单的动画中。图形元件与影片的时间轴同步运行，不能带有音频效果和交互效果。

(2) 影片剪辑元件。

影片剪辑元件其实就是一个独立的动画片段，它们的时间轴独立于主时间轴，可以在一个影片剪辑元件中添加各种元件以创建嵌套的动画效果。与图形元件不同的是，影片剪辑元件可以带有音频效果和交互效果。

(3) 按钮元件。

按钮元件用于创建动画的交互控制按钮，支持鼠标"弹起"、"指针经过"、"按下"和"单击"4种状态;支持音频效果和交互效果,能与图形元件和影片剪辑元件嵌套使用,功能十分强大。

5.4.5　Flash CS6 中创建新元件

元件类型可分为图形元件、影片剪辑元件和按钮元件3种。

(1) 使用"插入"→"新建元件"菜单命令或按"Ctrl+F8"快捷键,打开"创建新元件"对话框,如图 5-26 所示,在"名称"文本框中输入元件的名称,在"类型"下拉列表框中选择对应的元件类型,单击"确定"按钮即可。

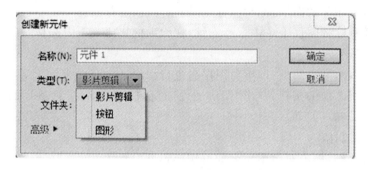

图 5-26　Flash CS6 创建新元件

(2) 使用"窗口"→"库"菜单命令,打开库面板,单击左下角的"新建元件"按钮,打开"创建新元件"对话框,后面的操作与第1种方法相同。

(3) 创建按钮元件说明。

Flash CS6 按钮元件可以响应鼠标事件,用于创建动画的交互控制按钮,如动画中的"开始"按钮、"结束"按钮、"重新播放"按钮等都是按钮元件。按钮元件包括"弹起"、"指针经过"、"按下"和"点击"4个帧,如图 5-27 所示。创建按钮元件的过程实际上就是编辑这4个帧的过程。

这4个帧分别说明如下。

◆ 弹起:光标不在按钮上的一种状态。

◆ 指针经过:当光标移动到按钮上的一种状态。

◆ 按下:当光标移动到按钮上并单击时的状态。

◆ 点击:运用此项制作出的按钮不显示颜色、形状,常用来制作"隐形按钮"效果。

5.4.6　Flash CS6 元件库

在 Flash 中,把图形转换为元件后,无论是影片剪辑、按钮,还是图形元件都会出现在元件库中。在 Flash 动画制作中,元件库的应用也是非常广的,相当于举行晚会的演员席

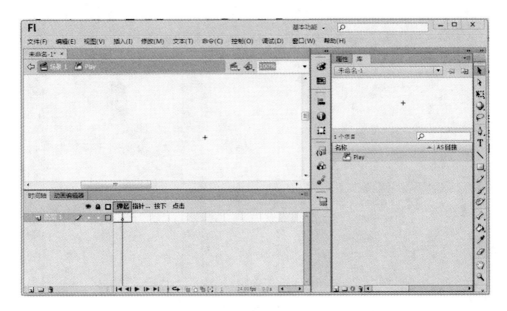

图 5-27　创建按钮原件

的位置,专门用来存放 Flash 中各个元件演员的。

Flash CS6 元件库的操作包括向舞台上添加元件、重命名元件、公用库的使用等操作。

(1) 向场景舞台上添加元件。

要将元件添加到舞台上,可按下面的步骤进行。

◆ 使用"窗口"→"库"菜单命令或按"F11"键,打开库面板。

◆ 在库面板中用鼠标选中要添加的元件"滚动的球",并将其拖动到舞台上,即可完成向舞台上添加元件,如图 5-28 所示。

(2) 重命名元件。

◆ 用鼠标右键单击元件,从弹出的快捷菜单中选择"重命名"命令,当元件的名称在库面板中突出显示时,输入新的名称。

◆ 双击元件名称并输入新名称。

(3) 元件的复制、粘贴、删除、编辑等操作。

在 Flash 库中,当需要对元件进行各种常用操作时,可以用鼠标选中该元件,单击鼠标右键,然后从弹出的快捷菜单中选择需要操作的命令即可。如图 5-29 所示。

(4) 公用库的使用。

使用"窗口"→"公用库"菜单命令,在弹出的子菜单中有"学习交互"、"按钮"、"类"3 项命令供选择,可用来打开 3 种类型的公用库。公用库中存放的是 Flash 自带的各种效果的元件,可以直接拖到舞台中使用。

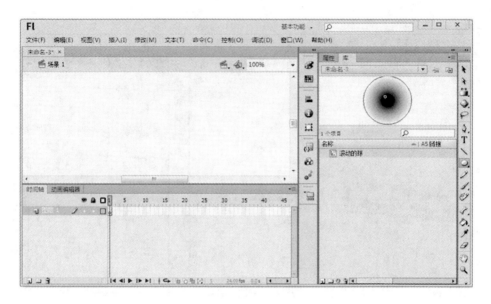

图 5-28 将元件添加到舞台上

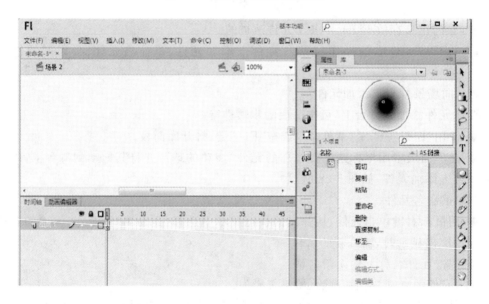

图 5-29 元件各种操作快捷菜单

(5) 使用已有动画中的库。

在 Flash 中使用其他动画文件中的元件,具体操作步骤如下。

◆ 打开需引用的动画文件,例如"男女生.fla"文件。

◆ 使用"窗口"→"库"菜单命令,打开库面板。在库面板下拉菜单中选择"男女生"动画文件,如图 5-30 所示。

◆ 回到正在编辑的动画文件,选择"男女生"库面板中的"boy"影片剪辑元件,将其拖动到待编辑动画的场景中即可。

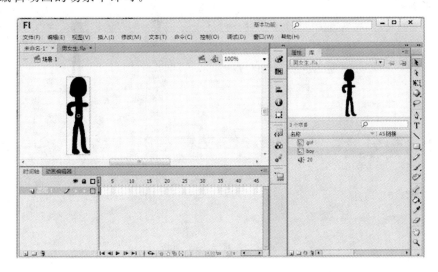

图 5-30　使用已有动画中的库

5.4.7　场景的应用

在制作动画的过程中,有时根据剧情作品的需要创建一个或多个场景作为背景。

(1) 创建新的场景的方法主要有以下两种。

◆ 使用"窗口"→"其他面板"→"场景"菜单命令,打开场景面板,单击"添加场景"按钮,即可新建一个场景,如图 5-31 所示。

◆ 使用"插入"→"场景"菜单命令,即可插入新的场景,如图 5-32 所示。

(2) 场景的编辑。

◆ 删除场景:使用"窗口"→"其他面板"→"场景"菜单命令,打开场景面板,选中要删除的场景,单击场景面板中的"删除场景"按钮。

图 5-31　场景面板

◆ 更改场景名称:在场景面板中双击场景名称,然后输入新的名称即可。

◆ 复制场景:选中要复制的场景,然后单击场景面板中的"直接复制场景"按钮。

◆ 更改场景在文档中的播放顺序:在场景面板中将场景拖到不同的位置进行排列即可。

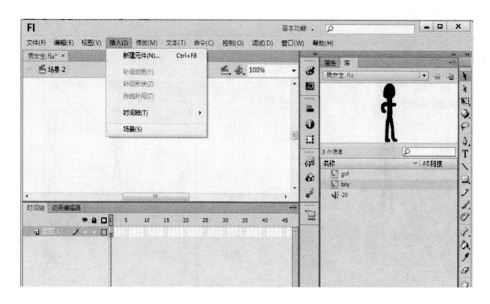

图 5-32　插入场景面板

5.4.8　Flash CS6 导入图像素材

（1）Flash 支持的图像格式。

Flash CS6 虽然支持图形的绘制，但它毕竟不能与专业的绘图软件相媲美，如 Photoshop、Freehand 等。因此从外部导入制作好的图形元素，成为 Flash 制作中的常用方法。Flash CS6 可以导入目前大多数主流格式的图像。

（2）导入图像。

◆ 将位图与矢量图导入到舞台：使用"文件"→"导入"→"导入到舞台"菜单命令或按"Ctrl＋R"快捷键，则把图像导入到舞台，同时也保存到库中。

◆ 将位图与矢量图导入到库：使用"文件"→"导入"→"导入到库"菜单命令，则把图像直接导入到库，如图 5-33 所示，舞台不存在图像。如果舞台上要显示图像，在库面板中将导入的图像拖动到舞台即可。

（3）将位图转换为矢量图。

在 Flash CS6 中，为了减小 Flash 文件的存储容量，可以将已导入位图转换为矢量图。

分离位图会将图像中的像素分散到离散的区域中，可以分别选中这些区域并进行修改。

具体操作为：使用"修改"→"位图"→"转换位图为矢量图"菜单命令，打开"转换位图为矢量图"对话框，如图 5-34 所示。

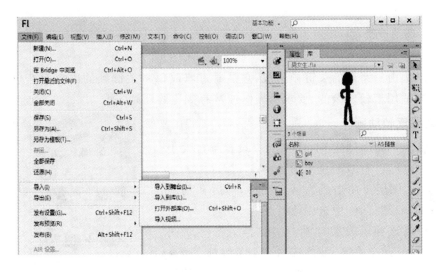

图 5-33 将位图与矢量图导入到库面板

图 5-34 "转换位图为矢量图"对话框

5.5 动 画 制 作

　　Flash CS6 动画是通过更改连续帧的内容创建的,把帧所包含的内容进行位置改变、大小缩放、倾斜旋转、颜色改变等操作,就可以制作出各种丰富多彩的动画效果。Flash CS6 有两种基本动画制作的方法:逐帧动画和补间动画。

5.5.1 逐帧动画

逐帧动画由一系列的关键帧组成,它是通过修改每一关键帧的内容而产生动画。一般逐帧动画适用于较复杂的、要求每帧图像都有变化的动画。

1. 创建逐帧动画

(1) 启动 Flash,创建 Flash 文档。设置舞台大小为 550×400 像素,背景颜色为白色。

(2) 单击图层 1 使之成为活动图层,然后在动画开始播放的图层时间轴中选中第 5 帧。

(3) 如果该帧不是关键帧,使用"插入"→"时间轴"→"关键帧"菜单命令,使之成为一个关键帧。

(4) 在序列的第 5 帧上用刷子工具画出小人的头和躯干,在使用刷子之前先设置好刷子的形状和大小。如图 5-35 所示。

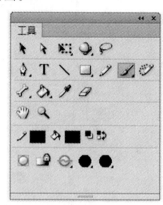

图 5-35 Flash CS6 刷子大小和形状面板

(5) 在第 10 帧插入关键帧画出小人的左手。

(6) 以此类推在舞台中改变该帧的内容,改变动画接下来的增量。依次在第 15 关键帧,第 20 关键帧,第 25 关键帧画出小人的右手,左脚,右脚。

(7) 完成逐帧动画序列,一个做操的小人逐帧动画便完成了,如图 5-36 所示。

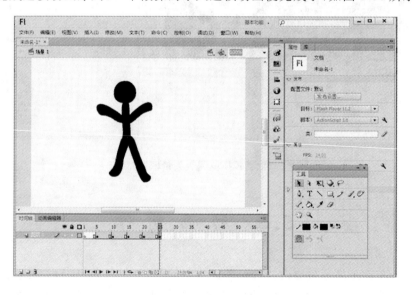

图 5-36 逐帧动画-做操的小人

(8) 测试动画序列。

5.5.2 补间动画

补间动画又被称为渐变动画,是创建随时间移动或更改的动画的一种有效方法,在动画生成时,只需在时间轴中设置动画开始关键帧和动画结束关键帧,中间的过渡帧由 Flash 帮助补充计算出来。

补间动画分两种:形状补间动画和动画补间动画。

◆ 形状补间动画:主要实现两个形状之间的变化,或一个形状的大小、位置、颜色等的变化。

◆ 动画补间动画:主要实现一个元件的大小、位置、颜色、透明度等的变化。

创建补间动画的步骤如下。

(1) 启动 Flash,创建 Flash 文档。设置舞台大小为 550×400 像素,背景颜色为白色。

(2) 使用"插入"→"新建元件(图形)"菜单命令,新建一个元件,元件名称为"红色的球"。用椭圆工具画出一个圆球(按住"Shift"键),笔触颜色为黑色,笔触高度为"3",填充色为红色。

(3) 使用"窗口"→"库"菜单命令,将元件库调出来。

(4) 选择第 1 帧,将小球从元件库中拖到场景中。

(5) 在第 20 帧上插入关键帧。

(6) 移动小球,使其开始位置与结束位置不同。

(7) 创建运动补间动画:在第 1 帧上单击鼠标右键,在弹出的快捷菜单中选择"创建传统补间"命令。一个移动红色小球的补间动画就完成了,如图 5-37 所示。

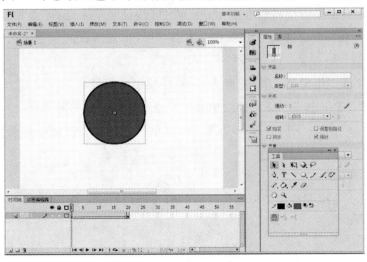

图 5-37 补间动画——移动的小球

(8) 测试动画序列。

5.5.3 制作特殊动画

Flash 中特殊动画的制作，主要包括引导动画、遮罩动画的制作。从制作原理上来说，它们都是由创建基本动画演变而来的。但是这两种动画都需要由至少两个图层共同构成，因此制作方法相对基本动画而言较复杂。使用引导动画可以使对象沿设置的路径运动。使用遮罩动画可以制作不同的画面显示效果。

1. 制作引导动画

制作引导动画的步骤如下。

(1) 启动 Flash，创建 Flash 文档。设置舞台大小为 550×400 像素，背景颜色为白色。

(2) 使用"插入"→"新建元件(图形)"菜单命令，新建一个元件，元件名称为"飞翔的小鸟"。用刷子工具画出一只小鸟，笔触颜色为黑色。

(3) 使用"窗口"→"库"菜单命令，将元件库调出来。

(4) 选择第 1 帧，将小球从元件库中拖到场景中。

(5) 在第 40 帧上插入关键帧。

(6) 移动小鸟，使其开始位置与结束位置不同。

(7) 创建运动补间动画：在第 1 帧上单击鼠标右键，在弹出的快捷菜单中选择"创建传统补间"命令。

(8) 用鼠标右键单击小鸟所在图层，在弹出的快捷菜单中选择"添加运动引导层"命令。此时小鸟所在的普通图层上方新建一个引导层，小鸟所在的普通图层自动变为被引导层。

(9) 在引导层中用铅笔工具，笔触为红色，绘制引导路径。

(10) 在被引导层中将小鸟元件的中心控制点移动到路径的起始点。

(11) 选中小鸟所在图层的第 40 关键帧，将小鸟元件中心控制点移动到引导层中路径的最终点。

(12) 测试动画序列。

这时，一只小鸟沿着预先设定路径飞翔的引导动画制作完成，如图 5-38 所示。

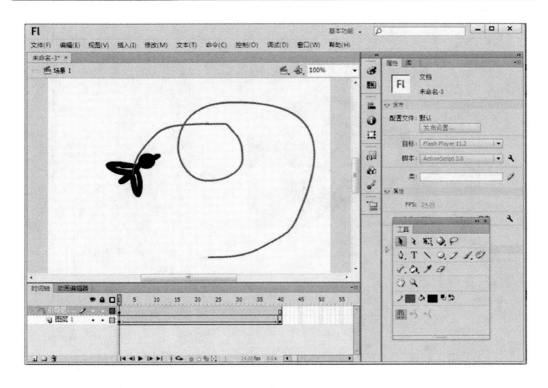

图 5-38　引导动画——小鸟飞翔

2．制作遮罩动画

在 Flash CS6 中，除了可以制作引导动画外，还可以制作遮罩动画。遮罩层是一个特殊的图层，能够透过该图层中的对象看到"被遮罩层"中的对象及其属性（包括它们的变形效果），但是遮罩层中对象的许多属性如渐变色、透明度、颜色和线条样式等却是被忽略的。

在 Flash CS6 中没有一个专门的按钮来创建遮罩层，遮罩层其实是由普通图层转化的。只要在某个图层上单击鼠标右键，在弹出的菜单中选择"遮罩层"命令，使命令的左边出现一个小勾，该图层就会变成遮罩层，其图层图标就会从普通层图标变为遮罩层图标，系统会自动把遮罩层下面的一层关联为"被遮罩层"。

制作遮罩动画的步骤如下。

（1）新建一个 Flash 文件，设置舞台大小为 550×400 像素，背景颜色为白色。

（2）使用"文件"→"导入选项"→"导入到舞台"菜单命令，选择一张图片导入到舞台，并对齐到舞台中央。如图 5-39 所示。

图 5-39　将外部文件导入到舞台

(3) 在图层 1 的基础上新建一个图层 2,并在图层 2 上用绘图工具绘制一个望远镜图形。如图 5-40 所示。

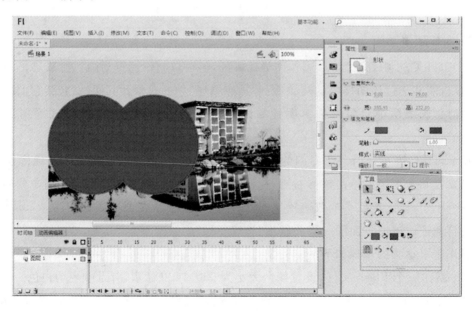

图 5-40　绘制望远镜图形

(4) 将两个图层的帧延长至 60 帧。

(5) 在图层 2 的第 60 帧处插入关键帧，然后单击图层 2 中的任意一帧创建补间动画。如图 5-41 所示。

图 5-41 创建补间动画

(6) 用鼠标右击图层 2，在弹出的快捷菜单中选择"遮罩层"命令，这样就完成了遮罩动画。如图 5-42 所示。

(7) 按"Shift＋Enter"快捷键测试影片，就可以看到效果了。

图 5-42 遮罩动画——移动望远镜看风景

5.6 在 Flash CS6 中添加声音

Flash CS6 的音效和音乐,对于任何一个 Flash 动画都是非常重要的,几乎所有出色的动画,其所挑选的音乐都是精选的,甚至有很多的 Flash 动画的音效都是由专业人士特意制作的,可见一个 Flash 作品的好坏有很大一部分因素涉及音乐挑选的好坏。在 Flash 作品创作中,对声音的编辑成为了 Flash 动画制作不可缺少的一个重要组成部分。

在实际创作中,经常需要为故事动画添加声音,为 MTV 和动态按钮添加音乐等。声音有传递信息的作用,为 Flash 动画添加恰当的声音,可以使 Flash 作品更加完整。下面将介绍在 Flash 动画中添加声音的方法。

5.6.1 声音的导入

(1) 打开无声音的"声音实例.fla"文件,使用"文件"→"导入"→"导入到库"菜单命令,把需要导入到 Flash 的声音文件导入到库或者直接导入到舞台。如图 5-43 所示。

图 5-43 声音文件的导入面板

(2) 在时间轴面板单击"新建图层"按钮,在图层 1 上方新建一个图层,重命名为"声音",然后把库里刚导入的声音文件拖入声音图层的场景即可。如图 5-44 所示。

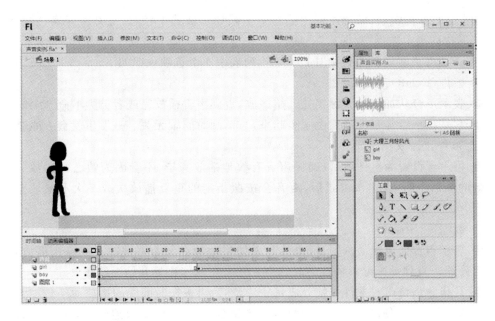

图 5-44　把歌曲"大理三月好风光.mp3"从库中拖入舞台

5.6.2　声音的编辑

（1）选择声音图层的第 1 帧，打开声音属性面板，如图 5-45 所示，设置相关的编辑声音对象的参数。

图 5-45　声音属性面板

(2) 返回编辑场景,保持声音图层的第 1 帧处于被选中状态,打开声音属性面板,在"同步"下拉列表中选择"数据流"选项。

(3) Flash 声音属性面板中"同步"下拉列表中 4 个选项说明如下。

① 事件(Event)声音。

◆ 表示声音从加载的关键帧处开始播放,直到声音播放完或者被脚本命令中断。

◆ 它是把声音与事件的发生同步起来,与动画时间轴无关。一发生就会一直播放下去,直至被停止播放。

◆ 将声音设置为事件,可以确保声音有效地播放完毕,不会因为帧已经播放完而引起音效的突然中断,设置该模式后,声音会按照指定的重复播放次数一次不漏地全部播放完。

② 数据流(Stream)。

◆ 表示声音播放和动画同步,也就是说如果动画在某个关键帧上被停止播放,声音也随之停止。直到动画继续播放的时候声音才开始从停止处开始继续播放。

◆ 它指的是将声音文件按帧分成每一块,然后再去按时间线的播放而播放。设置为数据流的时候,会迫使动画播放的进度与音效播放进度一致,如果遇到计算机运行速度慢的情况,Flash 动画就会自动略过一些帧以配合背景音乐的节奏。一旦帧停止,声音也就会停止,即使没有播放完,也会停止。

③ 开始。

与"事件"选项的功能相近,但如果声音正在播放,使用"开始"选项则不会播放新的声音实例。

④ 停止。

将使指定的声音静音。

5.7 Flash CS6 脚本基础

Flash 的语言脚本为 ActionScript(AS)。根据 Flash 的版本不同,AS 的版本也不同,理论上来说,所有在帧上显示的动画都可以通过 AS 语言进行控制,包括导入 Movie Clip 实例或其他 SWF 文件、导入和控制音频视频、控制动画播放以及实现实例在舞台上的变形、打包封装数据等。后期的 Flash 制作多数是采用 AS 语言编程的方式,因为 AS 编程的语言脚本可重复使用。Flash 的真正魅力就是脚本编程。

ActionScript 语句是 Flash 中提供的一种动作脚本语言,能够面向对象进行编程,具备强大的交互功能。通过 Actions(动作)中相应语句的调用,能使 Flash 实现许多特殊的功能和制作交互动画等。

5.7.1 认识动作面板

在 Flash CS6 中,动作脚本的编写,都是在动作面板的编辑环境中进行,熟悉动作面板是十分必要的。

按"F9"键调出动作 ActionScript 2.0 面板,可以看到动作面板的编辑环境由左右两部分组成。左侧部分又分为上下两个窗口。如图 5-46 所示。

图 5-46　Flash CS6"动作"ActionScript 2.0 面板

左侧的上方是一个动作工具箱,单击前面的图标展开每一个条目,可以显示出对应条目下的动作脚本语句元素,双击选中的语句即可将其添加到编辑窗口。

下方是一个脚本导航器。里面列出了 Flash 文件中具有关联动作脚本的帧位置和对象;单击脚本导航器中的某一项目,与该项目相关联的脚本则会出现在脚本窗口中,并且场景上的播放头也将移到时间轴上的对应位置上。双击脚本导航器中的某一项,则该脚本会被固定。

右侧部分是脚本编辑窗口,这是添加代码的区域。可以直接在脚本窗口中编辑动作、输入动作参数或删除动作。也可以双击动作工具箱中的某一项或脚本编辑窗口上方的"添加脚本"工具,向脚本窗口添加动作。

5.7.2 Flash CS6 ActionScript 语言常用函数

"时间轴控制"类别下包括 9 个简单函数,利用这些函数可以定义动画的一些简单交互控制。

(1) gotoAndPlay()。

一般形式:gotoAndPlay(scene,frame);。

作用:跳转并播放,跳转到指定场景的指定帧,并从该帧开始播放,如果没有指定场景,则将跳转到当前场景的指定帧。

参数:scene,跳转至场景的名称;frame,跳转至帧的名称或帧数。

有了这个命令,可以播放不同场景、不同帧的动画。

例如,当单击被附加了 gotoAndPlay 的动作按钮时,动画跳转到当前场景第 16 帧并且开始播放:

```
on(release){
  gotoAndPlay(16);
}
```

例如,当单击被附加了 gotoAndPlay 的动作按钮时,动画跳转到场景 2 第 1 帧并且开始播放:

```
on(release){
  gotoAndPlay("场景 2",1);
}
```

(2) gotoAndStop。

一般形式:gotoAndStop(scene,frame);。

作用:跳转并停止播放,跳转到指定场景的指定帧并从该帧停止播放,如果没有指定场景,则将跳转到当前场景的指定帧。

参数:scene:跳转至场景的名称;frame:跳转至帧的名称或数字。

(3) nextFrame()。

作用:跳至下一帧并停止播放。

例如,单击按钮,跳到下一帧并停止播放:

```
on(release){
  nextFrame();
}
```

(4) prevFrame()。

作用：跳至前一帧并停止播放。

例如，单击按钮，跳到前一帧并停止播放：

    on(release){

        prveFrame();}

(5) nextScene()。

作用：跳至下场景并停止播放。

(6) PrevScene()。

作用：跳至前场景并停止播放。

(7) play()。

作用：可以指定影片继续播放。

在播放影片时，除非另外指定，否则从第 1 帧播放。如果影片播放进程被 goto（跳转）Stop（停止）语句停止，则必须使用 Play 语句才能重新播放。

(8) Stop()。

作用：停止当前播放的影片，该动作最常见的运用是使用按钮控制影片剪辑。

例如，如果需要某个影片剪辑在播放完毕后停止而不是循环播放，则可以在影片剪辑的最后一帧附加 Stop（停止播放影片）动作。这样，当影片剪辑中的动画播放到最后一帧时，播放将立即停止。

(9) StopAllSounds()。

作用：使当前播放的所有声音停止播放，但是不停止动画的播放。要说明一点，被设置的流式声音将会继续播放。

例如：

    On(release){

      StopAllSounds();

        }

当按钮被单击时，影片中的所有声音将停止播放。

5.8　Flash 动画的测试、优化和发布

当一个完整的动画在完成制作后，如果想让其他人观看，则可以将动画作为作品发布出来，或将动画作为其他格式的文件导出，供其他应用程序使用。一般情况下，在发布和导出动画之前，必须对动画进行测试和优化。通过测试，确定动画是否达到预期的效果，并检查动画中出现的明显错误，以及根据模拟不同的网络带宽对动画的加载和播放情况

进行检测，确保动画的最终质量，优化动画，从而可以减小文件的大小，加快动画的下载速度。

可以在两种环境下测试影片：一种为影片编辑环境；另一种为影片测试环境。下面就针对两种测试环境的特点，分别进行介绍。

在影片编辑环境下，按"Enter"键可以对影片进行简单的测试，但影片中的影片剪辑元件、按钮元件以及脚本语言，也就是影片的交互式效果均不能得到测试。而且在影片编辑模式下测试影片得到的动画速度比输出或优化后的影片慢，所以影片编辑环境不是用户的首选测试环境。

5.8.1 测试影片

要测试一个动画的全部内容，使用"控制"→"测试影片"→"测试"菜单命令，Flash 将自动导出当前影片中的所有场景，然后将文件在新窗口中打开，如图 5-47 所示。

图 5-47 测试影片

5.8.2 测试场景

要测试一个场景的全部内容，使用"控制"→"测试场景"菜单命令，Flash 仅导出当前影片中的当前场景，然后将文件在新窗口中打开，并且在"文件"选项卡中标示出当前测试的场景。

使用测试影片与测试场景命令均会自动生成.swf 文件，并且自动将它置于当前影片所在的文件夹中，而它的导出设置则以 Flash"发布设置"对话框中的默认设置为基础，要改变这些设置,需要使用"文件"→"发布设置"菜单命令,在"发布设置"对话框中进行必要的调整。如果对当前的测试结果满意,就可以将作品发布了。

5.8.3 导出动画

导出 Flash 动画的主要作用是产生单独格式的 Flash 动画,以便于观赏者观看。将动画优化并测试完性能后,就可以通过导出影片或图像命令将动画导出到其他应用程序中。

导出 Flash 作品后,就可以方便地将其应用于网页或多媒体等领域。Flash 动画的导出主要包括动画文件的导出和动画图像的导出两方面。使用"文件"→"导出"菜单命令,如图 5-48 所示,即可导出 Flash 动画。

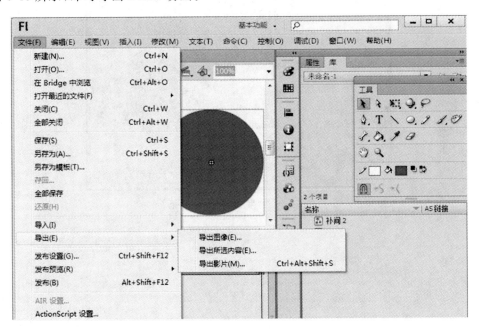

图 5-48 导出 Flash 动画

5.8.4 上传 Flash 动画到网上

对 Flash 动画进行了测试、优化、导出和发布设置后,就可以将动画上传到网上了。

使用"文件"→"发布设置"菜单命令,在如图 5-49 所示的"发布设置"对话框中,分别对选定的文件格式进行具体设置,单击"确定"按钮,即可完成动画的发布,并在 Flash 源文件所在位置生成一个网页格式的文件。选择该文件,双击该文件或单击鼠标右键,在弹出的快捷菜单中选择"打开"命令，即可打开发布的文件。

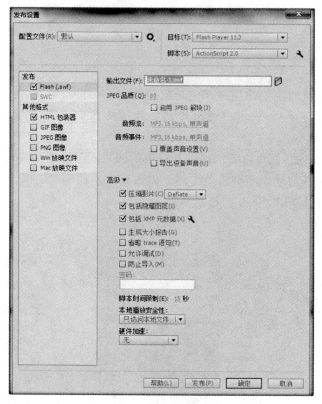

图 5-49 "发布设置"对话框

第 6 章 多媒体应用系统设计与开发

多媒体应用系统开发就是按照系统开发的原则和要求,把多媒体的各种素材进行合理地集成,加入必要的交互控制,最后发布为多媒体作品。

6.1 多媒体应用系统设计

多媒体应用系统是为了某个特定的目的,使用多媒体技术设计开发的应用系统。多媒体应用系统是一种计算机软件,它的设计与开发都遵循软件工程思想。它是多媒体技术应用的最终作品,其功能和表现是多媒体技术的直接体现。

6.1.1 多媒体应用系统选题

多媒体作品创作的第一步就是要进行选题,只有确定好主题才能开始下一步的素材收集和详细制作等,可以说选定一个好的主题作品就成功了一半。

多媒体应用系统的主题必须健康向上,最好结合自己的专业知识、社会热点和焦点问题,或者根据自己的兴趣爱好等进行选题。选题应该遵循以下几条原则。

(1) 可行性:首先必须考虑选题是否可行,是否具备必要的硬件和软件条件,只有条件允许才能完成系统的开发。

(2) 实用性:系统展示的内容要具有一定的实际意义或应用价值。

(3) 新颖性:要让系统具有吸引力,系统内容应有一定的新颖性,如反映目前社会关注的热点或焦点问题或反映最新的科学技术成果等。

6.1.2 多媒体应用系统设计

在多媒体应用系统设计过程中,需要遵循以下几个原则。

1. 界面设计原则

(1) 简洁明了:内容要简洁,色彩搭配要协调,让用户一目了然。

(2) 布局合理:系统前后要保持风格一致,尤其是交互式控制的按钮应该合理摆放位置并保持前后一致。其次是要突出重点,必须将重要内容放在醒目的位置,通过颜色或形状的变化来突出显示。

(3) 适应性:要对不同用户提供不同的接受方式和操作方法,如提供图形图像、字幕、动画、视频、音乐、声效、旁白或交互控制的按钮或图标等。

(4) 动静结合:让原本静止的画面"动"起来,画面之间添加一些切换特效,但不能杂乱无章,必须有用、有序和有趣。

2. 创意设计原则

(1) 创新性:好的创意往往来自于创新的观念和思想,必须突破传统的陈规旧律,敢想敢做,尤其在动画制作过程中,"没有计算机做不到的,只有你想不到的"。

(2) 科学性:创意必须符合科学规律,不能凭空捏造,违背常理。

(3) 技术性:创意设计必须考虑在技术上是否可行,如果技术上无法实现,那么再好的创意也只是纸上谈兵。

(4) 艺术性:好的创意还必须符合艺术设计的原则,以增加系统的艺术感染力。如旁白和音乐处理是否恰当、色彩搭配是否合理、动画设计中的夸张和拟人效果等。

6.1.3 多媒体应用系统的评价

多媒体应用系统主要根据以下几个方面进行评价。

(1) 创意:选题与内容是否有创意。

(2) 主题:主题是否明确,内容是否紧扣主题,表述是否充分和全面。

(3) 视觉效果:画面是否协调,色彩搭配是否合理,动作是否流畅,内容是否连续和一致,画面切换是否自然流畅。

(4) 听觉效果:背景音乐、音效和旁白是否动听,与画面内容是否一致,能否起到烘托主题的效果。

(5) 技术难度:是否有一定技术难度。但要避免纯粹为了技术而画蛇添足,例如使用一些与内容完全不协调的三维动画,反而影响系统的整体视觉效果。

表 6-1 列出了多媒体作品的参考评分。

表 6-1　多媒体作品评分参考表

评价指标	评分范围
作品选题 （主题是否积极向上或有意义）	0～10
作品内容 （内容是否充实，能否充分表达主题）	0～20
作品结构 （结构是否清晰完整，布局是否合理）	0～20
视觉效果 （画面是否协调，色彩搭配是否合理，动作是否流畅，内容是否一致和连续，画面切换是否自然流畅）	0～10
听觉效果 （背景音乐、声效或旁白是否动听，能否烘托主题）	0～10
作品创意 （是否构思独特、设计巧妙，具有想象力和表现力）	0～20
技术规范 （作品格式、画面大小、文件大小等是否符合要求）	0～10

6.2　多媒体应用系统开发

多媒体应用系统的开发是一项特殊的系统工程，除了根据应用需求，选择合适的开发环境和开发平台外，中心任务是开发出合适的多媒体应用软件。和开发其他软件系统一样，在开发多媒体应用软件时，只有遵循软件工程的开发思想，才能开发出经得起时间检验、实用的应用系统。

6.2.1　多媒体应用系统的开发过程

多媒体应用系统的开发过程如图 6-1 所示。

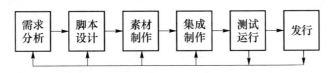

图 6-1　多媒体应用系统的开发过程图

1. 需求分析

需求分析阶段的主要任务是确定用户对应用系统的具体要求和设计目标，并根据总体目标，确定应用系统的类型及所采用的开发方法。

多媒体应用系统设计的需求分析不同于普通的应用程序，它有其自身的特点。在用户需求提出后，开发人员需要根据用户需求，从不同角度来分析问题，并不断地探索酝酿，逐步加深对问题的认识,确定项目的对象、多媒体信息的种类、表现手法等。

2. 脚本设计

选择合适的开发工具进行多媒体应用系统开发,实际上就是利用多媒体的手段,利用开发工具提供的各项功能,将各种与主题有关的多媒体信息组织起来,以满足应用的需要。因此,组织好信息,设计好脚本是应用系统开发成功的第一步。各种媒体信息的结构需要仔细安排。脚本设计还包括屏幕设计,确定各种媒体的排放位置、相互关系,各种按钮的名称、排放方法以及各类能引起系统动作的元素的位置、激活方式等。在时间安排上也要充分考虑好,何时音乐开始,何时音乐结束,都应恰如其分。还要注意设计好交互响应,充分发挥计算机的交互特点。

3. 素材制作

脚本中所要求的各种媒体素材应事先准备,并通过合适的软件对其做好预处理工作。对图像来说,扫描处理过程十分关键,不仅要按脚本要求进行剪裁、处理,而且还可以在这个过程中对图像进行修饰、拼接、合并等,以便得到更好的效果。对于声音来说,音乐的选择、配音的录制也要事先做好,必要时也可以通过合适的编辑器进行特技处理,例如添加回声和混响、设置淡入淡出、进行混音等。其他媒体素材的准备也十分重要,如文字的录入、动画和视频的制作等。值得注意的是,素材准备是十分重要的基础工作,如果做不好,对多媒体应用系统质量的影响将十分明显。

4. 集成制作

根据设计目标,利用编程语言或多媒体创作工具,结合脚本和素材,制作生成多媒体应用系统。

5. 测试与运行

多媒体应用系统需要经过反复测试,才能验证多媒体应用系统是否达到预期目标,发现其隐藏的缺陷,并对其进行必要的改进和完善,直到应用系统被正式使用。正式使用之后再进行修改就属于维护的范畴了。测试多媒体应用系统所面临的主要困难之一,是其性能取决于特定的硬件和系统结构。如果不能控制最终用户的平台,或者应用系统要在多种平台上使用,那么就必须在尽可能多的平台上充分地测试应用系统。

6. 发行

该阶段主要任务是制作多媒体应用系统软件的发行版本,编写用户使用手册,最终发行到用户手中。在用户使用过程中,开发人员应该随时根据用户的反馈信息对应用系统软件进行改进和完善,必要时对其进行升级。

6.2.2 多媒体应用系统开发工具

多媒体应用系统的设计和开发离不开多媒体开发工具。多媒体开发工具是指能够集成处理和统一管理文本、图形、静态图像、声音、视频影像、动画等多媒体信息,能够根据用户的需要制作多媒体应用软件的编辑工具。多媒体系统开发是建立在各种媒体形式完善、齐备,各种控制功能策划到位的基础上,把各种对象素材进行逻辑组合,并赋予控制功能的软件系统。

多媒体应用系统开发工具种类繁多,在设计和开发多媒体应用系统之前,必须选择一个合适的系统开发工具,运用多媒体软件工程的设计思想和设计原则进行设计和开发。常用的多媒体系统开发工具主要分为以下几类。

1. 基于时间轴的多媒体开发工具

主要特点是采用基于时间轴的方法来控制一个多媒体应用系统中各种媒体信息的演播时间、演播次序及同步合成处理。

典型代表是 Flash 和 Director。

优点是操作简便、形象直观,在一个时间段内,可以任意调整多媒体素材的属性。缺点是需要对每一素材的呈现时间做出精确的安排,而具体实现时可能还要做很多调整,增加了调试的工作量。

这类开发工具的控制和交互功能较弱,但在信息同步上具有独特的功效,特别适合于制作那些与时间轴顺序有明确关系的多媒体应用系统,如简报宣传、产品广告和风景名胜宣传等。

2. 基于流程线和图标的多媒体开发工具

主要特征是采用流程线和图标的方法来实现多媒体应用系统的创作。流程图是应用系统的主体框架,图标是应用系统的具体组成。在制作中,通过流程图的设计,实现对应用系统各种媒体素材的演示次序和演示方式的控制。通过对流程线上图标的设计安排,实现各种媒体演示效果。

典型代表是 Authorware 和 Icon Author。

3. 基于卡片或页面的多媒体开发工具

在这类开发工具所创作的系统中,文件和资料是以一叠卡片或若干页页面组成,一张卡片或一个页面就是应用软件结构中的一个节点。卡片或页面上的内容以文本、图像、声音等多种媒体形式来表达。卡片与卡片之间有一定顺序,但是在卡片之间通常还支持更多的交互方式,可以用不同方式从一张卡片到另一张卡片。

典型代表是 PowerPoint 和 ToolBook。

这类工具最适合制作类似文件、卡片式资料、索引目录资料库或百科全书之类的系统。其优点是便于组织与管理多媒体素材,就像阅览一本书,比较形象、直观。缺点是当要处理的内容非常多时,卡或书页的数量将非常大,不利于维护与修改。

4. 基于高级程序设计语言的开发工具

利用目前比较流行的面向对象程序设计语言开发多媒体应用系统。例如 Visual C++、Visual Basic、Java 等都可以充分利用操作系统的媒体控制指令(MCI)和应用程序接口(API)来扩展多媒体的功能。

参 考 文 献

[1] 马武.多媒体技术及应用.北京:清华大学出版社,2008.
[2] 龚沛曾.多媒体技术及应用.北京:高等教育出版社,2009.
[3] 赵子江.多媒体技术应用教程.北京:机械工业出版社,2010.
[4] 寸仙娥,桑志强.多媒体技术应用教程.北京:中国铁道出版社,2012.
[5] 李丽萍,马武.多媒体技术基础及应用教程.北京:科学出版社,2014.
[6] 赵声攀,李春宏.多媒体技术基础及应用实验教程.北京:科学出版社,2014.